スエ71 91　元スユニ72 12(スユニ72-Aタイプ)。形式図どおりの標準車体である。
1981.12.12　小牛田運転区
P：藤井　曄

スエ78 8　元マユニ78 13(マユニ78-Aタイプ)。形式図どおりの標準車体であるが、救援車改造時またはその後、一部の窓が埋められている。
P所蔵：小松重次

スエ78 12。 元マユニ78 3(マユニ78-Aタイプ)。形式図どおりの標準車体である。本車は新庄に配置されていたが、検査入場のためか土崎での写真である。
1981.3.24　土崎　P：吉岡真一

オエ70 21　元オニ70 5(オニ70-Aタイプ)。形式図どおりの標準車体である。
1982.12.5　沼津
P：藤井　曄

オエ70 1　元オニ70 3(オニ70-Aタイプ)。形式図どおりの標準車体。ただし丸屋根である。
1989.11.8　長野工場
P：藤田吾郎

オエ70 9　元オニ70 8(オニ70-Aタイプ)。形式図どおりの標準車体のように見えるが、電車台枠利用のため切妻である。
1986.8.23　長野
P：藤田吾郎

オエ70 16　元スニ73 31(スニ73-Aタイプ)。形式図どおりの標準車体である。　1989.3.13　姫路　P：藤田吾郎

スエ71 8　元オハユニ71 2(オハユニ71-Aタイプ)。スハ32形の車体が残っている。　1976.10.17　郡山　P：久保　敏

カラー写真で見る70系戦災復旧客車

戦災復旧客車は営業時代のカラー写真が極めて少ないため、主に救援車時代の写真から、営業に活躍した全盛期時代を偲びたい。

スエ71 13　元オハユニ71 16(オハユニ71-Eタイプ)であるが、オル71 104を経由するという変わった履歴を有している。オハ35形の中でもノーヘッダー車の車体が残っている。　1978.5.3　秋田　P：藤井　曄

スエ71 41　元オハユニ71 9(オハユニ71-Bタイプ)。スハ32形の中でもノーヘッダー車の車体が残っている。
1989.3.18　西舞鶴　P：藤田吾郎

スエ71 70　元スユ72 9(スユ72-Aタイプ)。形式図どおりの標準車体である。元郵便室の採光窓が塞がれているのは救援車化改造としては通常である。　P所蔵：小松重次

オエ70 52　本車はスニ75 101(スニ75-Aタイプ)が種車であるが、途中で廃車となったオエ70 62に振り替えられている。その種車はオユニ70 5(オユニ70-Aタイプ)であり、結果としてオユニ70形が国鉄末期まで残ることとなった。
1987.9.4　高松　P：野村一夫

スエ71 37　元マニ71 2009(スニ71-Aタイプ)。形式図どおりの標準車体である。　1989.9.3　塩釜埠頭　P：藤田吾郎

スエ71 1　元マニ71 4(スニ71-Cタイプ)。クハ55形の車体が流用され、乗務員扉も残っている。　1964.6.8　新潟運転所　P：豊永泰太郎

スエ71 65　元マニ72 17(マニ72-Aタイプ)。形式図どおりの標準車体である。　1976.6.4　糸魚川　P：掘井純一

スエ71 4　元マニ74 3(マニ74-Dタイプ)。電車タイプ車体の形式図に近いが、窓が少なかった。救援車改造後もそのスタイルが残っていた。
1986.4.27　亀山
P：藤井　曄

オエ70 54　元スニ75 16(スニ75-Aタイプ)。形式図どおりの標準車体である。　1980.2.1　稲沢　P：掘井純一

オエ70 41　元スニ75 18(スニ75-Lタイプ)。荷物扉の設置があるものの、オハ31形の窓配置が残っていた。
1973.11.16　浜松機関区　P：片山康毅

スエ71 20　元マニ76 34(マニ76-Bタイプ)。形式図どおりの標準車体である。　1981年　和歌山機関区　P：豊永泰太郎

スエ71 31　元マニ76 7(マニ76-Cタイプ)。右上の写真に似ているが、荷物扉の間の窓が多い。多度津工場改造特有の変則車である。
1976.8.22　伊勢運転区
P：片山康毅

スヤ71 1(スヤ71-Aタイプ)　元クハ55形のなかでもノーシル・ノーヘッダーおよび張り上げ屋根の車体が残る。　1963.12　P：星　晃

オエ70 33　元スニ75 8(スニ75-Hタイプ)。オハ31形からオハ70 8への復旧では、種車の窓配置が残っていたはずだが写真がなく確認できない。特徴的な張り上げ屋根は最後まで残っていた。救援車になり窓が大幅に塞がれているため、不思議な印象を受ける。　P所蔵：小松重次

スエ71 94　元マニ76 2030（マニ76-Bタイプ）であるが、救援車改造時にHゴム固定窓となった。これは松任工場改造車に見られる特徴である。　1975.5.26　富山　P：豊永泰太郎

スエ71 96　元スユニ72 53(スユニ72-Iタイプ)。クハ55形(クロハ59形改造車)の車体が残っていた。北海道に渡ったのも意外である。
1981.5.2　滝川　P：片山康毅

スエ78 15　元マユニ78 21（マユニ78-Aタイプ）であるが、数少ない丸屋根である。イベント列車用にJR東日本に継承されたが、2003年に廃車となった。
1986年　高崎　P：藤井　曄

スエ78 5　元マユニ78 7（マユニ78-Aタイプ）。70系戦災復旧客車唯一の残存車である。
1997.8.23　小樽交通記念館（現・小樽市総合博物館）
P：藤井　曄

スエ78 5車内　救援車特有の車内だけではなく、内張りのない天井の構造も観察できる。
2011.8.24　P：藤田吾郎

クハ55形の妻面の印象が残るオハフ71 2の妻面。
1952.7.21 門司港
P所蔵：鉄道友の会客車気動車研究会

はじめに

戦災や事故に遭遇した電車や客車から復旧された客車は70系戦災復旧客車としてまとめられた。これは形式図通りとは限らず，種車のスタイルが残るケースも多かったのだが，全体像が不明確であり，「種々のバリエーションがある」のような説明で括られることが多かった。そして登場から80年近く経過したが，ようやく全貌が見え始めた。本書ではこれらの形態分類を3巻に渡り試みた。

70系戦災復旧客車は376両がある。改造車を含めて約20点の形式図が存在するが、実態が明確ではなかった。ところが近年になり『鋼製客車

変遷史 第6編 オハ71形の一族』（車両史編さん会 刊）により多くの写真を参照可能となったのが大きな前進である。

改めて精査すると合計103タイプがあり、うち85タイプの図面化ができることがわかった。また、復旧前の車体が残存するケースは58両、新製されたケースは315両、未確認は3両となることも判明した。

なおタイプについては、側面から見た窓配置に基づく分類であり、屋根や妻面形状でさらに細分化される。こちらは表に記載するようにした。

戸塚から大船に南進する旧車体時代のEF58牽引の急行「雲仙」。２両目はオユ61 1または2、３両目はスニ75 11（スニ75-Kタイプ）、４両目はマロネ29らしい。
1955～56年頃　P：鈴木靖人

被災した客車。オハ34 54と記載された写真であるが、当該番号は廃車記録がなく誤記と思われる。ここまで台枠が歪んでいては復旧は不可能であろう。
1946.7.5　宮原客車区
P：浦原利穂

1．70系戦災復旧客車の概略

戦災や同時期の事故により廃車となった電車や客車のうち、車体や台枠を流用して復旧したのが国鉄(1949年以前は運輸省)70系戦災復旧客車である。下記の概略フローにあるように11形式が製作された。

台枠や台車は流用、車体(ここでは上回りの意味)は新たに設計することとして形式図が作成されている。台枠構造の違いから元電車は電車タイプ車体、元客車は客車タイプ車体に復旧されるのが原則であるが、一部例外がある。さらには復旧前の旧車体が流用されていることがある。

復旧した70系戦災復旧客車のうち座席車は郵便・荷物車への改造が1950年以降実施されたため、座席車時代の写真記録も少ない。これらの一部は1960年以降、事業用車に姿を変えて残っていたが、1987年の国鉄分割民営化を前に一掃された。例外的にイベント用に残ったスエ78 15も2003年に廃車となった。

■70系戦災復旧客車の概略フロー

<table>
<tr><th>車種</th><th>種車</th><th>復旧後の形式
1946～1950年落成</th><th>改造後の形式
1950～1954年落成</th><th>事業用車改造後の形式
1960～1967年落成</th></tr>
<tr><td rowspan="3">17m級2軸ボギー
（126両）
39タイプ</td><td rowspan="3">電車
客車</td><td>オハ70（113両）: 16タイプ</td><td>スニ73（34両）: 2タイプ
スニ75（79両）: 17タイプ</td><td rowspan="3">オヤ70（1両）
オエ70（63両）</td></tr>
<tr><td>オユニ70（5両）: 1タイプ</td><td></td></tr>
<tr><td>オニ70（8両）: 3タイプ</td><td></td></tr>
<tr><td rowspan="2">20m2軸ボギー
（215両）
57タイプ</td><td rowspan="2">電車
客車</td><td>オハ71（155両）: 19タイプ
オハフ71（2両）: 2タイプ</td><td>オハユニ71（20両）: 6タイプ
オユニ71（10両）: 2タイプ
スユニ72（40両）: 11タイプ
マニ74（46両）: 5タイプ
マニ76（41両）: 5タイプ</td><td rowspan="2">オル71（4両）
スエ71（103両）</td></tr>
<tr><td>スユ71（15両）→スユ72: 2タイプ
スニ71（18両）: 3タイプ→マニ71
マニ72（25両）: 1タイプ
スヤ71（1両）: 1タイプ</td><td></td></tr>
<tr><td rowspan="2">20m級3軸ボギー
（35両）
7タイプ</td><td rowspan="2">客車</td><td>オハ77（29両）: 3タイプ→オハ78</td><td>マユニ78（29両）: 3タイプ</td><td rowspan="2">スエ78（15両）</td></tr>
<tr><td>マニ77（5両）: 1タイプ→マニ78</td><td></td></tr>
</table>

※マニ77 5はスニ71 18として計上している

尾久で全焼したマハ47 150。その後オハ77 19として復旧している。
P所蔵：星　晃

戦災全焼したモハ50形。池袋電車区で戦災を受けたモハ50形は19両あり、この写真の番号は特定できない。
1945.4　池袋電車区
P：沢柳健一

大破したモハ31021。新京成に払い下げられたが津田沼で解体されている。
1945.4　池袋電車区
P：沢柳健一

常総筑波鉄道筑波線オハ106。池袋で戦災を受けた元サハ36018から復旧した。オハフ802→オハ802→オハ106を経由。戦災車はこのように私鉄の客車や電車として復旧する例もあった。
1956年　水海道
P：佐藤進一

オハ71 14の車内。ベンチのみの極めて簡素な作りである。窓間幅700mmは車体新製されたオハ71形標準車体車の特徴である。
1946.11.29　宮原検車区
P：浦原利穂

解体途中のスエ71 91(オハ71 41→スユニ72 12改造)。側構は完全に作り直されていることがわかる。当車の元々はオハ71形の標準車体車である。本形式の特徴である700mmの窓間隔もそのまま残っている。
1988.8.18　小牛田
P：藤田吾郎

2．70系戦災復旧客車の調査の流れ

ここで、70系戦災復旧客車の調査の流れを整理したい。[1]は電車台枠の実見に基づく種車推定の報告である。[2]では、相当数の写真を参照して分類を行っており、大枠が整理できているが、いくつかの抜けがある。[3][4]はこれらと対となる履歴調査結果である。[5]～[9]は実測の事例である。[5]は同好会誌につき参照しづらいが、[8][9]に再掲されている。本稿では、これらに加えて野村一夫氏および筆者の未発表の実測値も参考としている。なお、実測してみると、かなりの誤差が出ることがわかる。これは[8]でも指摘されているが、元々の寸法にバラツキがあることに加え、測定箇所は明確に直角が出ていることはなく、面取りされていることも一因である。最近になり[10][11]が発表され、復旧手順、種車の基礎資料や、台枠の区分なども明確にされた。形態分類においては各書籍に点在する写真も重要で、中には[12]のような例も参照できる。これらから形態分類を試みたのが[13]である。

復旧前の種車番号も気になるところである。戦災電車については[1]に説明されているとおり、台枠の特徴や廃車の回送記録などを突き合わせる手法が取られて解明が進み、[4]に集成されている。戦災客車については[10][11]で記録の紹介、[14]では記録との照合結果をまとめているが、ほぼ確定できる場合、候補車がある場合、候補車が多数ある場合が混在している。本書では改めて対照突き合わせを行い、できるだけ絞って下巻の番号変遷表に記載する。

[1] 江浪秀夫「70系客車のいろいろ」『鉄道ピクトリアル』No.88, 1958.11

[2] 高砂雍郎・増田一三「オハ70系客車」『鉄道史料』No.37～39・41・42, 1985～1986

[3] 高砂雍郎・増田一三「70系客車改造経歴表」『鉄道史料』No.45, 1987.2

[4] 高砂雍郎「被災省電の処理について」『鉄道史料』No.41, 1986.2

[5] 田中壽「70系客車の実測調査」『京都大学鉄道研究会雑誌』No.4, 1958

[6] 野村一夫「スエ71 30 消えゆく戦災復旧車を観察する」『とれいん』No.167, 1988.11

[7] 藤田吾郎「スエ71 2態」『Rail Fan』No.441, 1990.3臨（別冊 車両研究）

[8] 田中壽「70系荷物車のスケッチ」『鉄道ピクトリアル増刊（千年の京にありて）』2001.4

[9] 栗林宗人・植田致知「戦災復旧客車」『鉄道ピクトリアル増刊（千年の京にありて）』2001.4

[10] 三橋克己・葛英一・藤本邦彦『国鉄鋼製客車史 第6編 オハ71形の一族<上巻>戦災復旧客車』 車両史編さん会, 2011.6

[11] 三橋克己・葛英一・藤本邦彦『国鉄鋼製客車史 第6編 オハ71形の一族<下巻>戦災復旧客車』 車両史編さん会, 2011.12

[12] 藤田幸一「戦後混乱期の立役者・戦災復旧車あれこれ」鉄道ピクトリアル増刊『釣掛電車の響き』掲載のオハフ71 1の写真（キャプションのスハフ714は誤記）, 2000.4

[13] 藤田吾郎「70系の形態分類（1）～（6）」, 鉄道友の会客車気動車研究会会報・食堂車No.572～575・577・578, 2022-6～9・11・12

[14] 藤田吾郎「戦災客車を中心とした 70 系客車の整理（1）～（4）」 鉄道友の会客車気動車研究会会報『食堂車』No.420～423, 2009.10～2010.1

■本書における記載方法

(1) **側面図**：１点ごとにタイプ名を「代表形式名-アルファベット順」に統一して命名している。標準的なスタイルから始まり、変形スタイルを番号順に命名した。側面図は形態が判明する分、および、改造後の姿から改造前の姿が容易に推測できる場合について作成をしている。寸法は形式図を参照しているが、不明な場合はイタリック体として推定値を示している。出入り台部分から車端にかけての後退角がある場合は、これも図示している。後退角がない場合は記載していないが、有無の両方が混ざる場合は、有る場合を示している。屋根・妻面形状は側面図に含めていない。表を参照する。

(2) **表中の屋根・妻面形状**：写真がない場合も、改造後の写真で判断できる場合は記載している。

(3) **表中の台車**：細分化は避け、TR11系・TR23系・TR71系・TR73系のいずれかとした。改造後から推定できる場合はイタリック体とした。

(4) **表中の分類**：側面図がない場合はイタリックとした。

(5) **復旧前の番号**：興味があるところであるが、今回は形態分類が主目的のため、各形式の解説では、あえて形式のみ記載した。復旧前の番号は下巻の車歴変遷表にまとめて掲載する。なお、スハ32形→スハ36形、オハ35形→オハ40形のように戦時中に生じた形式で、車体形状に本質的な変化がない場合には、元の形式の車体が残るように本文では表現している。

オハ70 15(オハ70-Aタイプ)。2-4位側を示す。　P：鈴木靖人

3. 形式別解説(座席車)

3.1　オハ70形

オハ70形は17m級の３等座席車である。1～114（63は欠番）の113両が落成している。1953年までに全車がスニ73形とスニ75形に改造されたため、オハ70形の写真は少ない。

荷物車に改造後の姿から推定すると最大16タイプが考えられるが、うち図面化できるのは７タイプである。なお、オハ70 36→スニ73 1は1955年事故廃車のため、形態未確認である。

■オハ70形 形式図(客車タイプ車体)　1946年度客車形の図面。ここではオハ70-Aタイプとして区分した。

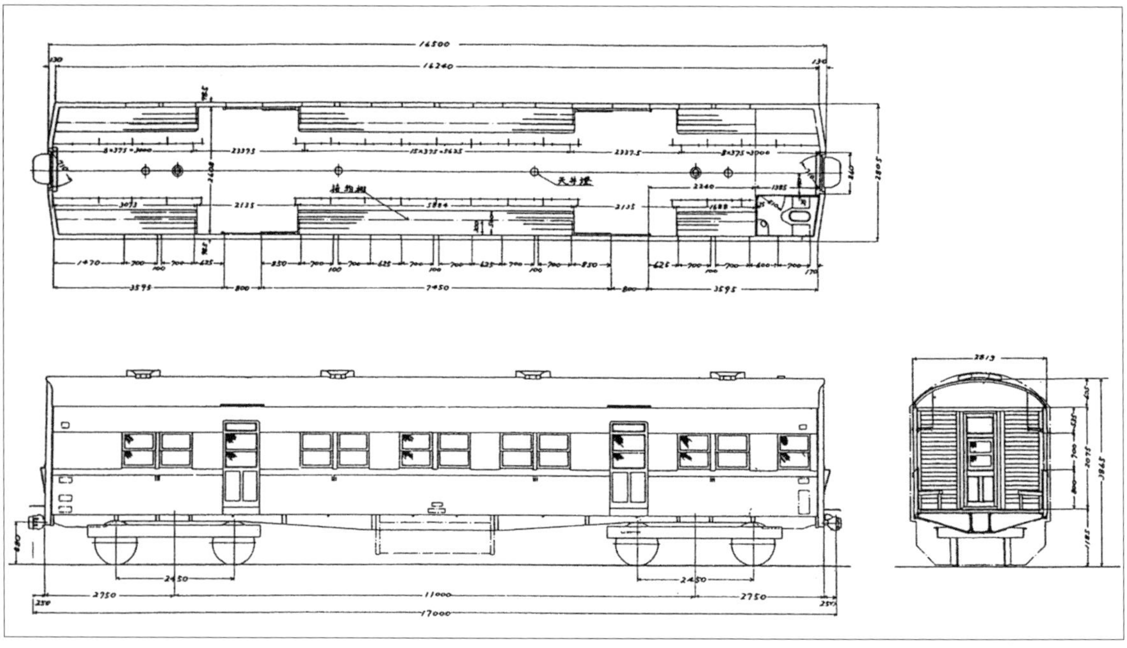

オハ70 49(オハ70-Bタイプ)。1-3位側を示す。
1952.7.30　名古屋　P：久保　敏

オハ70 52(オハ70-Bタイプ)。2-4位側を示す。奥側も番号不明だが同タイプである。　P所蔵：宮崎繁幹

■オハ70形 形式図(客車タイプ車体)　1946年度客車形二次の図面。ここではオハ70-Bタイプとして区分した。

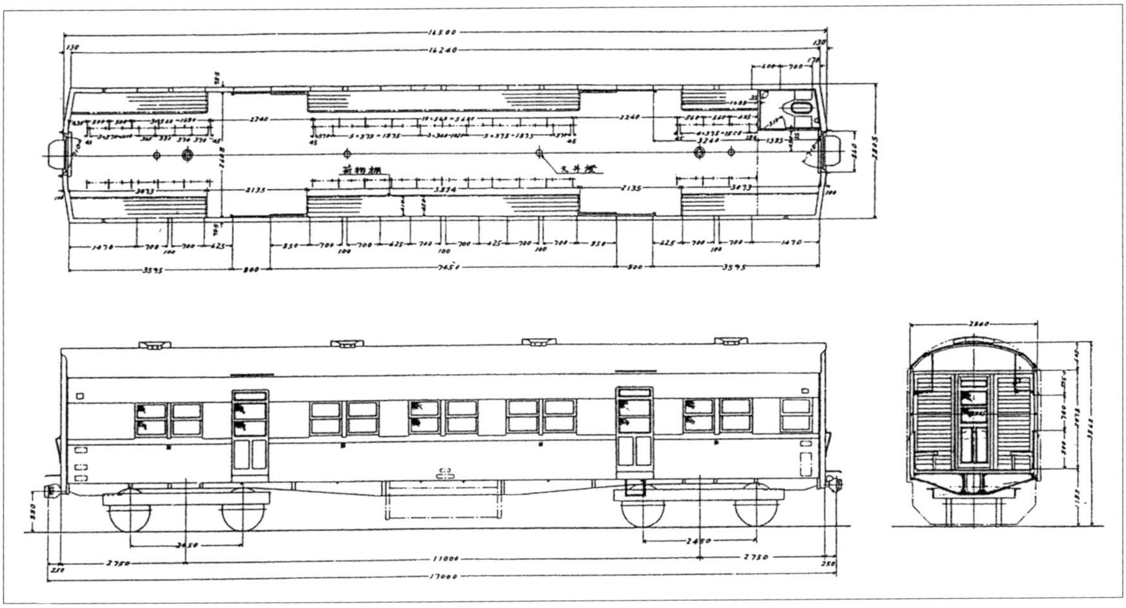

■オハ70形 形式図(電車タイプ車体)　ここではオハ70-Cタイプとして区分した。

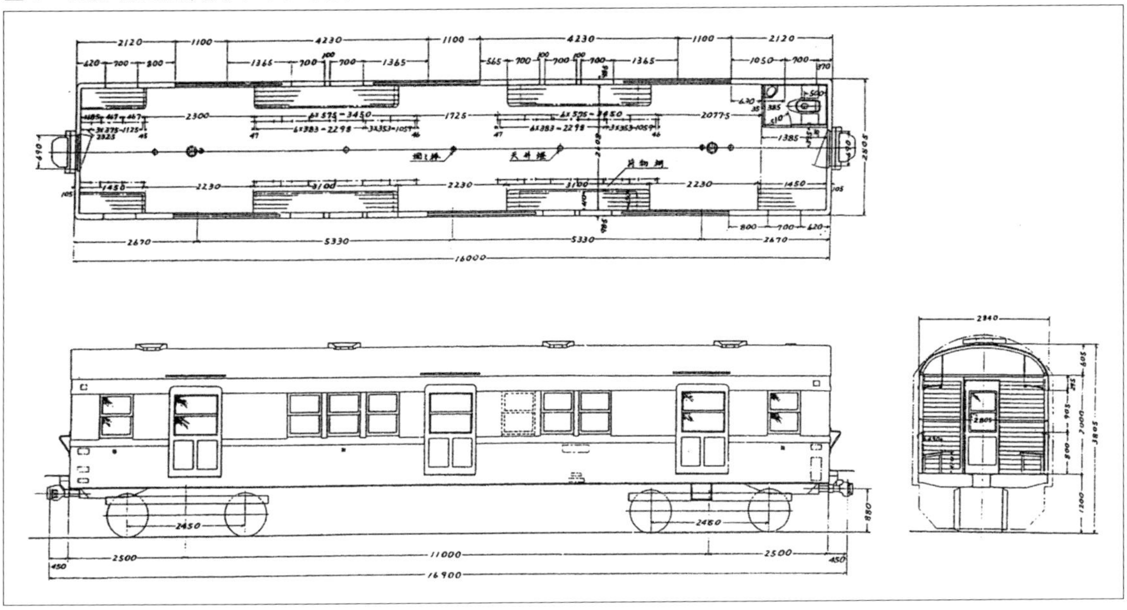

■オハ70形 形態分類表(1)

落成							その後の改造・廃車			
形式番号	妻面・屋根形状	台車	分類	落成年月日	場区	落成配置	最終配置	形式番号	年月日	摘要
オハ 70 1	直線折妻・キャンバス	TR11系	オハ70-Aタイプ	1946. 12. 28	川崎車両	(広)	(岡)	スニ 75 1	1953. 2. 18	
オハ 70 2	直線折妻・キャンバス	TR11系	オハ70-Aタイプ	1947. 4. 4	川崎車両	(広)	(岡)	スニ 75 2	1953. 1. 9	
オハ 70 3	直線折妻・キャンバス	TR11系	オハ70-Aタイプ	1947. 3. 31	川崎車両	(広)	(岡)	スニ 75 3	1952. 11. 27	
オハ 70 4	直線折妻・キャンバス	TR11系	オハ70-Aタイプ	1947. 7. 30	川崎車両	(広)	(岡)	スニ 75 4	1952. 12. 6	
オハ 70 5	直線折妻・鋼板	TR11系	オハ70-Dタイプ	1947. 2. 21	日立製作所	(広)	(広)	スニ 75 5	1953. 3. 7	
オハ 70 6	直線折妻・鋼板	TR11系	オハ70-Eタイプ	1947. 3. 20	日立製作所	(広)	(広)	スニ 75 6	1952. 11. 15	
オハ 70 7	直線折妻・鋼板	TR11系	オハ70-Fタイプ	1947. 6. 18	日立製作所	(広)	(広)	スニ 75 7	1953. 3. 13	
オハ 70 8	直線折妻・鋼板	TR11系	オハ70-Gタイプ	1947. 7. 19	日立製作所	(広)	(広)	スニ 75 8	1953. 3. 17	
オハ 70 9	直線折妻・鋼板	TR11系	オハ70-Hタイプ	1947. 9. 16	日立製作所	(広)	(広)	スニ 75 9	1952. 11. 21	
オハ 70 10	直線折妻・鋼板	TR11系	オハ70-Iタイプ	1947. 9. 23	日立製作所	(広)	(岡)	スニ 75 10	1952. 11. 30	
オハ 70 11	直線折妻・鋼板	TR11系	オハ70-Jタイプ	1947. 11. 28	日立製作所	(広)	(岡)	スニ 75 11	1953. 1. 26	
オハ 70 12	直線折妻・キャンバス	TR11系	オハ70-Aタイプ	1947. 5. 27	富士産業宇都宮工場	(名)	(名)	スニ 75 12	1952. 11. 12	
オハ 70 13	直線折妻・キャンバス	TR11系	オハ70-Aタイプ	1947. 6. 30	富士産業宇都宮工場	(名)	(名)	スニ 75 13	1952. 11. 12	
オハ 70 14	直線折妻・キャンバス	TR11系	オハ70-Bタイプ	1948. 3. 15	三井造船玉野製作所	(大)	(大)	スニ 75 14	1952. 11. 27	AC有
オハ 70 15	直線折妻・キャンバス	TR11系	オハ70-Aタイプ	1947. 6. 29	新潟鉄工所	宇都宮	(秋)	スニ 75 15	1952. 11. 27	
オハ 70 16	直線折妻・キャンバス	TR11系	オハ70-Bタイプ	1947. 6. 30	新潟鉄工所	宇都宮	(盛)	スニ 75 16	1952. 11. 29	
オハ 70 17	直線折妻・キャンバス	TR11系	オハ70-Bタイプ	1947. 5. 23	川南工業浦崎造船所	(門)	(門)	スニ 75 17	1953. 1. 30	
オハ 70 18	直線折妻・キャンバス	TR11系	オハ70-Kタイプ	1947. 8. 25	三菱重工業長崎造船所	(門)	(門)	スニ 75 18	1953. 1. 10	
オハ 70 19	直線折妻・キャンバス	TR11系	オハ70-Bタイプ	1947. 6. 28	富士車両	宇都宮	(秋)	スニ 75 19	1953. 2. 18	AC有
オハ 70 20	直線折妻・キャンバス	TR11系	オハ70-Bタイプ	1947. 7. 18	富士車両	宇都宮	(秋)	スニ 75 20	1952. 12. 17	AC有
オハ 70 21	直線折妻・キャンバス	TR11系	オハ70-Bタイプ	1947. 9. 15	富士車両	(大)	(大)	スニ 75 21	1953. 2. 6	AC有
オハ 70 22	直線折妻・キャンバス	TR11系	オハ70-Bタイプ	1947. 9. 18	富士車両	(大)	(大)	スニ 75 22	1952. 11. 18	AC有
オハ 70 23	直線折妻・キャンバス	TR11系	オハ70-Bタイプ	1948. 3. 7	富士車両	(仙)	(仙)	スニ 75 23	1952. 12. 27	AC有
オハ 70 24	丸屋根・キャンバス	TR11系	オハ70-Bタイプ	1947. 11. 10	三菱重工業長崎造船所	(門)	(門)	スニ 75 24	1953. 2. 25	
オハ 70 25	丸屋根・キャンバス	TR11系	オハ70-Bタイプ	1947. 12. 11	三菱重工業長崎造船所	(門)	(門)	スニ 75 25	1953. 3. 4	
オハ 70 26	直線折妻・キャンバス	TR11系	オハ70-Aタイプ	1947. 8. 21	関東工業	宇都宮	(仙)	スニ 75 26	1953. 3. 31	
オハ 70 27	直線折妻・キャンバス	TR11系	オハ70-Bタイプ	1947. 8. 27	富士産業宇都宮工場	宇都宮	(青)	スニ 75 27	1953. 2. 28	
オハ 70 28	直線折妻・キャンバス	TR11系	オハ70-Aタイプ	1947. 7. 30	富士産業半田工場	名古屋	(名)	スニ 75 28	1952. 11. 28	
オハ 70 29	直線折妻・キャンバス	TR11系	オハ70-Aタイプ	1947. 8. 13	富士産業半田工場	名古屋	(名)	スニ 75 29	1952. 12. 24	
オハ 70 30	平妻・キャンバス	TR11系	オハ70-Cタイプ	1947. 10. 21	日国工業	宇都宮	(仙)	スニ 73 11	1950. 9.	
オハ 70 31	平妻・キャンバス	TR11系	オハ70-Cタイプ	1947. 12. 3	日国工業	宇都宮	(東)	スニ 73 12	1950. 8.	
オハ 70 32	平妻・キャンバス	TR11系	オハ70-Cタイプ	1947. 12. 22	日国工業	宇都宮	(東)	スニ 73 13	1950. 8.	
オハ 70 33	平妻・キャンバス	TR11系	オハ70-Cタイプ	1948. 2. 20	日国工業	水戸	(東)	スニ 73 14	1950. 9.	
オハ 70 34	平妻・キャンバス	TR11系	オハ70-Cタイプ	1948. 2. 25	日国工業	水戸	(東)	スニ 73 15	1950. 8.	
オハ 70 35	平妻・キャンバス	TR11系	オハ70-Cタイプ	1948. 6. 3	日本鉄道自動車	(東)	(東)	スニ 73 26	1950. 7.	
オハ 70 36			未確認	1948. 6. 25	日本鉄道自動車	(新)	(秋)	スニ 73 1	1950. 7.	
オハ 70 37	直線折妻・キャンバス	TR11系	オハ70-Cタイプ	1948. 7. 1	日本鉄道自動車	(新)	(秋)	スニ 73 2	1950. 7.	
オハ 70 38	直線折妻・キャンバス	TR11系	オハ70-Bタイプ	1948. 9. 6	富士産業半田工場	名古屋	(名)	スニ 75 30	1952. 12. 27	
オハ 70 39	直線折妻・キャンバス	TR11系	オハ70-Bタイプ	1947. 8. 31	日本海船渠	宇都宮	(天)	スニ 75 31	1953. 3. 28	
オハ 70 40	直線折妻・キャンバス	TR11系	オハ70-Bタイプ	1947. 9. 30	日本海船渠	(名)	(名)	スニ 75 32	1953. 1. 31	
オハ 70 41	直線折妻・キャンバス	TR11系	オハ70-Aタイプ	1947. 11. 10	富士産業半田工場	(名)	(名)	スニ 75 33	1953. 1. 30	
オハ 70 42	直線折妻・キャンバス	TR11系	オハ70-Aタイプ	1947. 11. 29	富士産業半田工場	(名)	(名)	スニ 75 34	1953. 3. 31	
オハ 70 43	低屋根・キャンバス	TR11系	オハ70-Lタイプ	1948. 3. 15	三井造船玉野製作所	仙台	(仙)	スニ 75 111	1952. 11. 28	AC有
オハ 70 44	直線折妻・キャンバス	TR11系	オハ70-Bタイプ	1947. 11. 1	日本海船渠	(名)	(名)	スニ 75 36	1953. 1. 17	
オハ 70 45	直線折妻・キャンバス	TR11系	オハ70-Bタイプ	1947. 12. 20	富士産業宇都宮工場	宇都宮	(天)	スニ 75 91	1952. 9. 30	
オハ 70 46	平妻・キャンバス	TR11系	オハ70-Cタイプ	1948. 3. 30	日本鋼管鶴見造船所	水戸	(東)	スニ 73 27	1950. 9.	
オハ 70 47	平妻・キャンバス	TR11系	オハ70-Cタイプ	1948. 4. 1	日本鋼管鶴見造船所	水戸	(東)	スニ 73 28	1950. 8.	
オハ 70 48	丸屋根・キャンバス	TR11系	オハ70-Mタイプ	1948. 3. 10	川南工業浦崎造船所	(門)	(門)	スニ 75 38	1952. 10. 31	
オハ 70 49	直線折妻・キャンバス	TR11系	オハ70-Bタイプ	1947. 12. 15	富士産業半田工場	(名)	(名)	スニ 75 39	1953. 1. 31	
オハ 70 50	直線折妻・キャンバス	TR11系	オハ70-Bタイプ	1947. 12. 24	富士産業半田工場	(名)	(名)	スニ 75 40	1953. 2. 13	
オハ 70 51	直線折妻・キャンバス	TR11系	オハ70-Bタイプ	1948. 1. 12	日本海船渠	(名)	(名)	スニ 75 41	1953. 2. 26	
オハ 70 52	直線折妻・キャンバス	TR23系	オハ70-Bタイプ	1948. 1. 28	富士産業宇都宮工場	水戸	(秋)	スニ 75 108	1953. 3. 20	
オハ 70 53	直線折妻・キャンバス	TR11系	オハ70-Bタイプ	1948. 2. 27	富士産業宇都宮工場	(名)	(名)	スニ 75 101	1953. 1. 28	
オハ 70 54	直線折妻・キャンバス	TR11系	オハ70-Bタイプ	1948. 3.	富士産業宇都宮工場	(名)	(名)	スニ 75 103	1953. 2. 21	
オハ 70 55	直線折妻・キャンバス	TR11系	オハ70-Bタイプ	1948. 3. 31	富士産業宇都宮工場	(名)	(名)	スニ 75 104	1953. 3. 14	
オハ 70 56	直線折妻・キャンバス	TR11系	オハ70-Bタイプ	1948. 2. 29	三井造船玉野製作所	(東)	(秋)	スニ 75 46	1952. 10. 30	AC有
オハ 70 57	直線折妻・キャンバス	TR11系	オハ70-Bタイプ	1948. 3. 15	三井造船玉野製作所	(仙)	(仙)	スニ 75 47	1953. 3. 12	AC有

※AC有：アンチクライマーあり

■オハ70形 形態分類表(2)

落成							その後の改造・廃車			
形式番号	妻面・屋根形状	台車	分類	落成年月日	場区	落成配置	最終配置	形式番号	年月日	摘要
オハ70 58	直線折妻・キャンバス	*TR11系*	オハ70-Bタイプ	1948. 3. 15	三井造船玉野製作所	(仙)	(仙)	スニ 75 48	1953. 3. 21	AC有
オハ70 59	直線折妻・キャンバス	*TR11系*	オハ70-Bタイプ	1948. 2. 26	川南工業浦崎造船所	(門)	(門)	スニ 75 49	1952. 10. 25	
オハ70 60	直線折妻・キャンバス	TR11系	オハ70-Bタイプ	1948. 3. 18	富士車両	(名)	(名)	スニ 75 50	1953. 2. 26	
オハ70 61	直線折妻・キャンバス	*TR11系*	オハ70-Bタイプ	1948. 3. 18	富士車両	(名)	(名)	スニ 75 51	1952. 10. 31	
オハ70 62	直線折妻・キャンバス	*TR11系*	オハ70-Bタイプ	1948. 3. 25	東洋レーヨン	(四)	(熊)	スニ 75 52	1953. 3. 11	AC有
オハ70 64	平妻・キャンバス	*TR11系*	オハ70-Cタイプ	1948. 9. 30	木南車両製造	(大)	(大)	スニ 73 16	1950. 8.	
オハ70 65	平妻・キャンバス	*TR11系*	オハ70-Cタイプ	1948. 10. 25	木南車両製造	(大)	(大)	スニ 73 17	1950. 8.	
オハ70 66	平妻・キャンバス	*TR11系*	オハ70-Cタイプ	1949. 1. 24	木南車両製造	(大)	(大)	スニ 73 18	1950. 9.	
オハ70 67	平妻・キャンバス	*TR11系*	オハ70-Cタイプ	1948. 7. 21	日国工業	(東)	(東)	スニ 73 19	1950. 8.	
オハ70 68	平妻・キャンバス	*TR11系*	オハ70-Cタイプ	1948. 7. 26	日国工業	水戸	(東)	スニ 73 20	1950. 8.	
オハ70 69	平妻・キャンバス	*TR11系*	オハ70-Cタイプ	1948. 8. 25	日国工業	(新)	(秋)	スニ 73 21	1950. 9.	
オハ70 70	平妻・キャンバス	TR11系	オハ70-Cタイプ	1948. 9. 11	日国工業	(新)	(秋)	スニ 73 22	1950. 9.	
オハ70 71	平妻・キャンバス	*TR11系*	オハ70-Cタイプ	1948. 9. 25	日国工業	(新)	(秋)	スニ 73 23	1950. 9.	
オハ70 72	平妻・キャンバス	*TR11系*	オハ70-Cタイプ	1948. 11. 25	日国工業	(名)	(名)	スニ 73 3	1950. 8.	
オハ70 73	平妻・キャンバス	*TR11系*	オハ70-Cタイプ	1948. 11. 11	日国工業	(名)	(名)	スニ 73 29	1950. 7.	
オハ70 74	直線折妻・キャンバス	*TR11系*	オハ70-Bタイプ	1948. 6. 23	富士車両	(大)	(天)	スニ 75 53	1952. 10. 31	
オハ70 75	直線折妻・キャンバス	*TR11系*	オハ70-Bタイプ	1948. 6. 23	富士車両	(名)	(名)	スニ 75 54	1953. 3. 17	AC有
オハ70 76	直線折妻・キャンバス	TR11系	オハ70-Bタイプ	1948. 7. 20	富士車両	(門)	(門)	スニ 75 55	1952. 10. 28	
オハ70 77	直線折妻・キャンバス	*TR11系*	オハ70-Bタイプ	1948. 7. 20	富士車両	(門)	(門)	スニ 75 56	1952. 12. 4	
オハ70 78	直線折妻・キャンバス	*TR11系*	オハ70-Bタイプ	1948. 11. 27	富士車両	(門)	(熊)	スニ 75 57	1952. 11. 17	AC有
オハ70 79	直線折妻・キャンバス	*TR11系*	*オハ70-Nタイプ*	1948. 7. 1	若松車両	(門)	(門)	スニ 75 58	1952. 11. 27	
オハ70 80	直線折妻・キャンバス	*TR11系*	*オハ70-0タイプ*	1948. 12. 25	若松車両	(門)	(門)	スニ 75 59	1953. 1. 28	
オハ70 81	直線折妻・キャンバス	*TR11系*	オハ70-Bタイプ	1948. 7. 31	富士産業半田工場	(名)	(名)	スニ 75 109	1953. 3. 30	
オハ70 82	直線折妻・キャンバス	*TR11系*	オハ70-Bタイプ	1948. 8. 30	富士産業半田工場	(名)	(名)	スニ 75 95	1952. 12. 13	
オハ70 83	平妻・キャンバス	*TR11系*	オハ70-Pタイプ	1948. 9. 20	富士産業半田工場	(名)	(名)	スニ 73 5	1950. 6.	
オハ70 84	平妻・キャンバス	*TR11系*	オハ70-Pタイプ	1948. 10. 8	富士産業半田工場	(名)	(名)	スニ 73 6	1950. 7.	
オハ70 85	直線折妻・キャンバス	*TR11系*	オハ70-Bタイプ	1948. 12. 9	富士産業半田工場	(名)	(名)	スニ 75 62	1952. 12. 17	
オハ70 86	直線折妻・キャンバス	*TR11系*	オハ70-Bタイプ	1948. 12. 13	富士産業半田工場	(名)	(名)	スニ 75 63	1952. 12. 25	
オハ70 87	直線折妻・キャンバス	*TR11系*	オハ70-Pタイプ	1948. 12. 13	富士産業半田工場	(名)	(名)	スニ 73 33	1950. 8.	
オハ70 88	直線折妻・キャンバス	*TR11系*	オハ70-Bタイプ	1948. 10. 1	富士産業宇都宮工場	(東)	(千)	スニ 75 96	1952. 11. 29	
オハ70 89	直線折妻・キャンバス	*TR11系*	オハ70-Bタイプ	1948. 10. 14	富士産業宇都宮工場	(東)	(秋)	スニ 75 97	1952. 11. 27	
オハ70 90	直線折妻・キャンバス	*TR11系*	オハ70-Bタイプ	1949. 3. 5	富士産業宇都宮工場	(東)	(秋)	スニ 75 106	1953. 3. 11	
オハ70 91	直線折妻・キャンバス	*TR11系*	オハ70-Bタイプ	1948. 11. 12	富士産業宇都宮工場	(東)	(秋)	スニ 75 107	1953. 3. 7	
オハ70 92	直線折妻・キャンバス	*TR11系*	オハ70-Bタイプ	1948. 11. 12	富士産業宇都宮工場	(東)	(盛)	スニ 75 98	1952. 12. 18	
オハ70 93	直線折妻・キャンバス	*TR11系*	オハ70-Bタイプ	1948. 12. 9	富士産業宇都宮工場	(仙)	(仙)	スニ 75 92	1952. 10. 31	
オハ70 94	直線折妻・キャンバス	TR11系	オハ70-Bタイプ	1948. 12. 9	富士産業宇都宮工場	(仙)	(仙)	スニ 75 93	1952. 11. 29	
オハ70 95	直線折妻・キャンバス	*TR11系*	オハ70-Bタイプ	1949. 1. 12	富士産業宇都宮工場	(名)	(名)	スニ 75 94	1952. 11. 29	
オハ70 96	直線折妻・キャンバス	*TR11系*	オハ70-Bタイプ	1949. 1. 12	富士産業宇都宮工場	(名)	(名)	スニ 75 102	1953. 1. 31	
オハ70 97	直線折妻・キャンバス	*TR11系*	オハ70-Bタイプ	1949. 1. 20	富士産業宇都宮工場	(名)	(名)	スニ 75 100	1953. 1. 26	
オハ70 98	直線折妻・キャンバス	*TR11系*	オハ70-Bタイプ	1949. 1. 31	富士産業宇都宮工場	(大)	(大)	スニ 75 110	1953. 3. 24	
オハ70 99	直線折妻・キャンバス	*TR11系*	オハ70-Bタイプ	1949. 2. 15	富士産業宇都宮工場	(門)	(熊)	スニ 75 99	1953. 1. 29	
オハ70 100	直線折妻・キャンバス	*TR11系*	オハ70-Bタイプ	1949. 3. 8	富士産業宇都宮工場	(門)	(熊)	スニ 75 76	1952. 12. 27	
オハ70 101	平妻・キャンバス	*TR11系*	オハ70-Cタイプ	1948. 11. 30	関東工業	(東)	(東)	スニ 73 24	1950. 8.	
オハ70 102	平妻・キャンバス	*TR11系*	オハ70-Cタイプ	1948. 11. 30	関東工業	(東)	(青)	スニ 73 4	1950. 7.	
オハ70 103	平妻・キャンバス	*TR11系*	オハ70-Cタイプ	1949. 2. 20	関東工業	(門)	(熊)	スニ 73 30	1950. 6.	
オハ70 104	平妻・キャンバス	*TR11系*	オハ70-Cタイプ	1949. 2. 20	関東工業	(門)	(熊)	スニ 73 31	1950. 6.	
オハ70 105	平妻・キャンバス	*TR11系*	オハ70-Cタイプ	1949. 3. 18	関東工業	(門)	(熊)	スニ 73 32	1950. 6.	
オハ70 106	平妻・キャンバス	*TR11系*	オハ70-Cタイプ	1949. 2. 22	日本鋼管鶴見造船所	(仙)	(仙)	スニ 73 7	1950. 7.	
オハ70 107	平妻・キャンバス	*TR11系*	オハ70-Cタイプ	1949. 2. 28	日本鋼管鶴見造船所	(仙)	(仙)	スニ 73 34	1950. 8.	
オハ70 108	平妻・キャンバス	*TR11系*	オハ70-Cタイプ	1949. 3. 4	日本鋼管鶴見造船所	(新)	(新)	スニ 73 8	1950. 7.	
オハ70 109	平妻・キャンバス	*TR11系*	オハ70-Cタイプ	1949. 2. 22	日本鋼管鶴見造船所	(新)	(新)	スニ 73 9	1950. 7.	
オハ70 110	平妻・キャンバス	*TR11系*	オハ70-Cタイプ	1949. 3. 16	日本鋼管鶴見造船所	(新)	(新)	スニ 73 10	1950. 6.	
オハ70 111	平妻・キャンバス	*TR11系*	オハ70-Pタイプ	1949. 2. 7	富士産業半田工場	(大)	(天)	スニ 73 25	1950. 9.	
オハ70 112	直線折妻・キャンバス	*TR11系*	オハ70-Bタイプ	1949. 2. 7	富士産業半田工場	(大)	(天)	スニ 75 77	1952. 11.	
オハ70 113	直線折妻・キャンバス	*TR11系*	オハ70-Bタイプ	1949. 3. 5	富士産業半田工場	(門)	(鹿)	スニ 75 105	1953. 1. 23	
オハ70 114	直線折妻・キャンバス	*TR11系*	オハ70-Bタイプ	1948. 11. 30	富士車両	(大)	(天)	スニ 75 79	1952. 11.	AC有

※AC有 アンチクライマーあり

オハ70 88(オハ70-Bタイプ)。1-3位側を示す。　1952.5.12　両国　P：小山政明

オハ70 番号不明(オハ70-Cタイプ)。別車両の奥側に映り込んでいた、極めて珍しい写真。形態がわかるように横方向に拡大した。そのため、あたかも丸妻に見えるのと、客扉の手すりが手前に飛び出しているように見える。　1949.12.4　P：伊藤　昭

オハ70 5(オハ70-Dタイプ)。1-3位側を示す。オハ31形の車体が残る。標記は「オハ70705」となっている。日立製のオハ70 5～11は種車の窓割を引き継ぎ、形態も1両ごとに少しずつ異なる。
P所蔵：星　晃

オハ70 11(オハ70-Jタイプ)。2-4位側を示す。オハ31形の窓配置が残る。　P：亀井一男

オハ70 43(オハ70-Lタイプ)。1-3位側を示す。オハ31形の車体が残るだけでなく、屋根が低くなっている異端車である。
1948.3.5　大阪　P：浦原利穂

オハ70 43(オハ70-Lタイプ)。2-4位側を示す。　1948.3.24　宮原検車区　P：浦原利穂

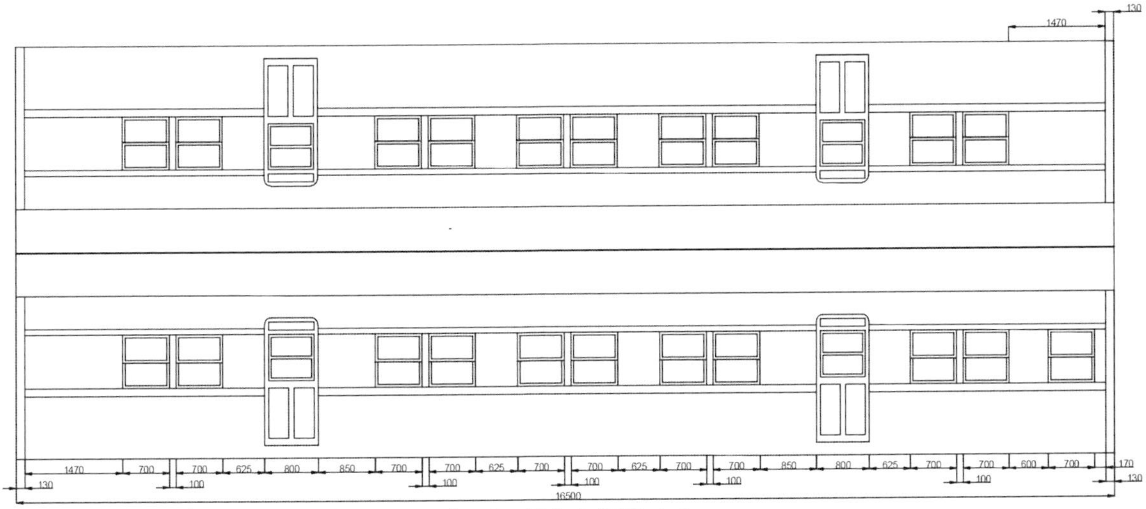

▲オハ70-Aタイプ：1946年度客車形の図面に基づく。便所が4位側にある。

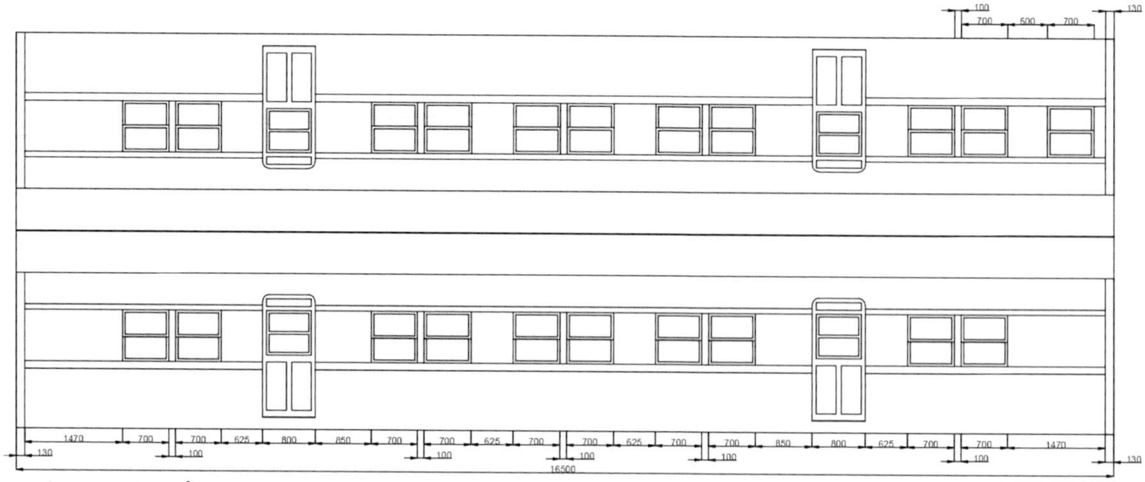

▲**オハ70-Bタイプ：**1946年度客車形二次の図面に基づく。便所が3位側にあるのがオハ70-Aタイプとの違いである。

▲**オハ70-Cタイプ：**1947年度電車形の図面に基づく。

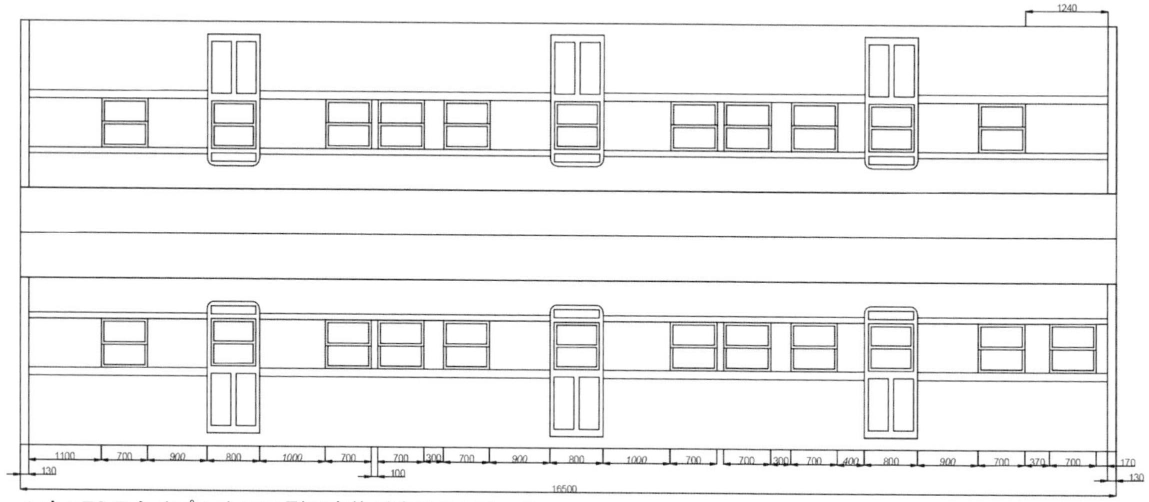

▲**オハ70-Dタイプ：**オハ31形の車体が流用されている。

※以下のタイプは写真がないため図面作成不可能である。
オハ70-Eタイプ（スニ30形の車体流用）／オハ70-F・G・H・Iタイプ（オハ31形の車体流用）

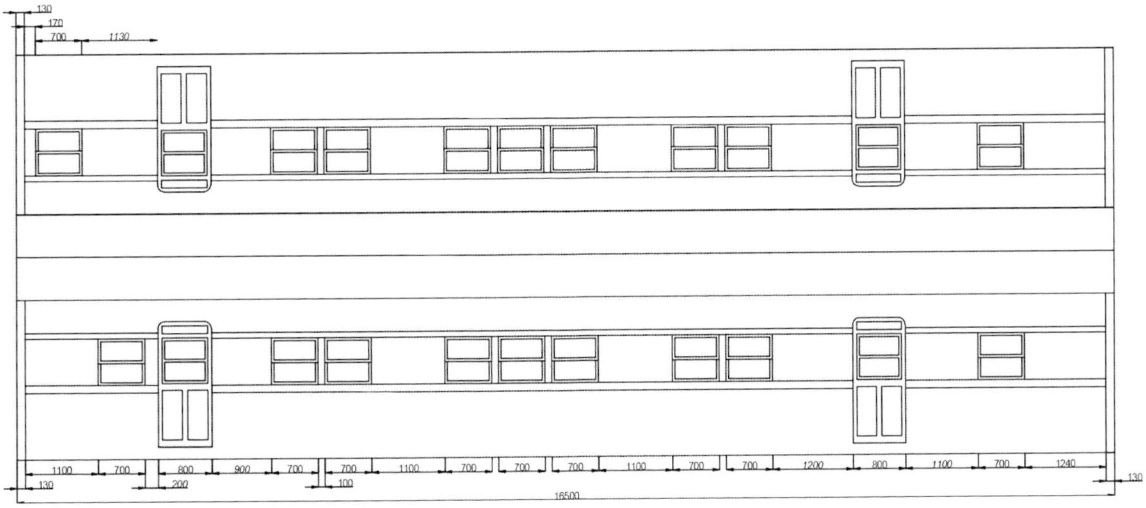

▲オハ70-Jタイプ：オハ31形の車体が流用されている。

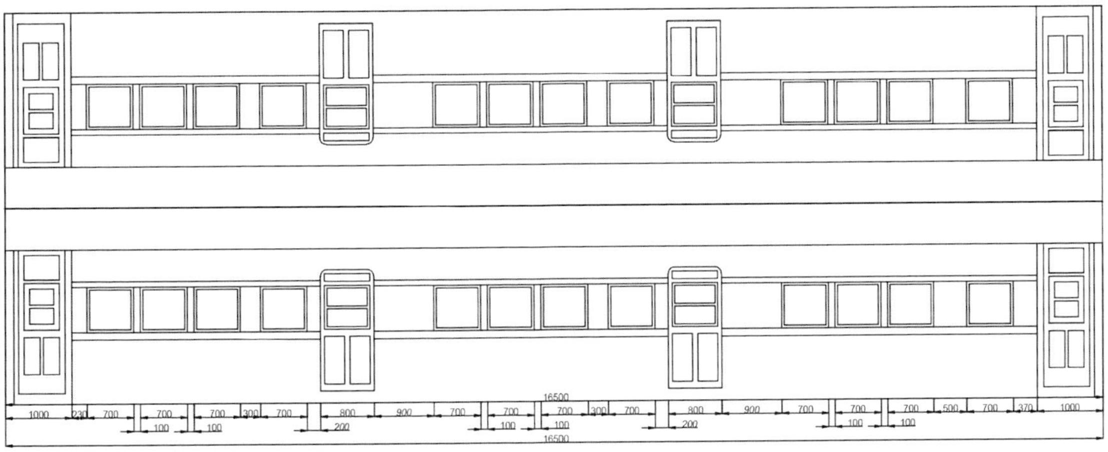

▲オハ70-Lタイプ：オハ31形の車体が流用されている。

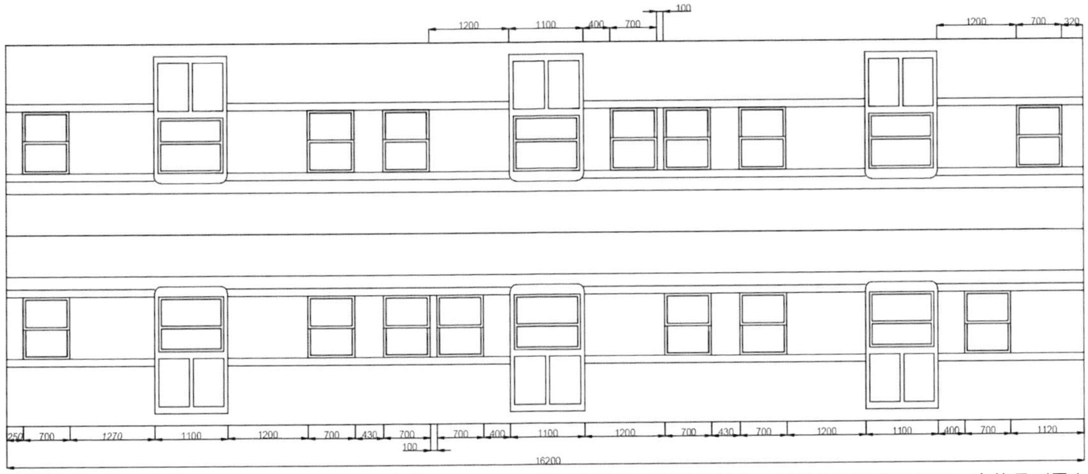

▲オハ70-Pタイプ：モハ30から復旧車の想像図。モハ30形は木製車の鋼体化によって生じた形式であり、車体長が異なる。オハ70-Cタイプに準じた窓配置であったと考えられる。

※以下のタイプは写真がないため図面作成不可能である。
オハ70-K・M・Nタイプ（オハ31形の車体流用）／オハ70-Oタイプ（オロ31形の車体流用）

オハ71 5(オハ71-Aタイプ)。2-4位側を示す。　P提供：井原　実

3.2　オハ71形

オハ71形は2軸ボギー20m級の3等座席車である。1～133（132は欠番）および500～522の計155両が落成している。1954年までに全車がオハユニ71形、オユニ71形、マニ74形、マニ76形に改造されたため、オハ71形の写真は少ない。

改造後の姿から推定すると最大19タイプが考えられるが、うち図面化できるのは11タイプである。オハ71 122→マニ76 91は早期事故廃車のため、形態未確認である。オハ71-Aタイプとオハ71-Bタイプの違いは便所の位置であるが、スユニ72形に改造された場合はこれが車体中央部に移設されるため、判別ができない。そのため「オハ71-AorBタイプ」とした箇所がある。

■オハ71形 形式図（客車タイプ車体）　1946年度客車形の図面。ここではオハ71-Aタイプとして区分した。

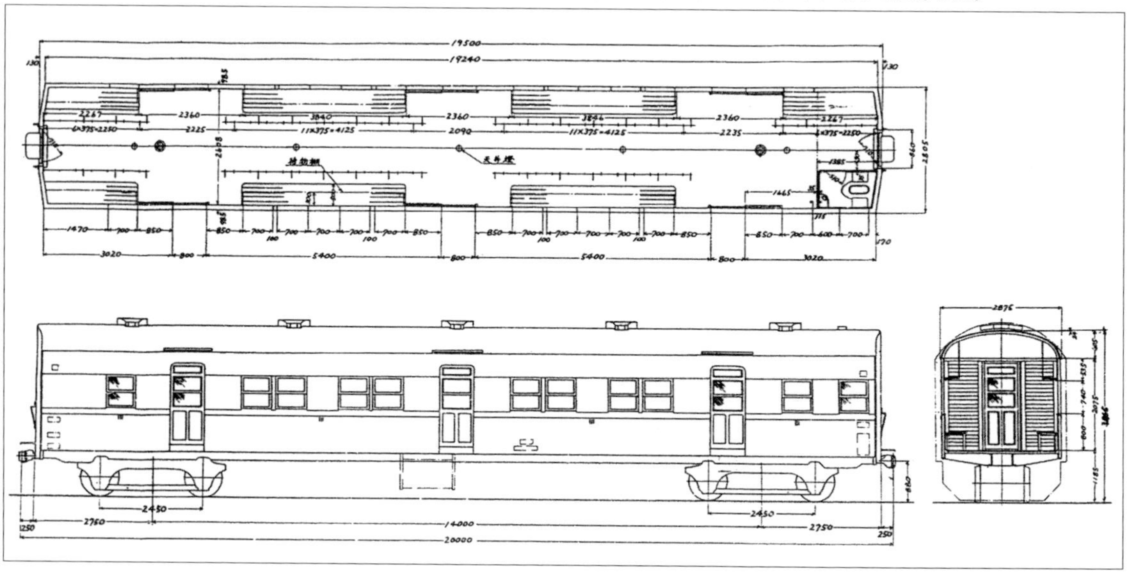

オハ71 35（オハ71-Aタイプ）。2-4位側を示す。
1952.8.10　門司港
P：小山政明

■オハ71形 形式図（客車タイプ車体） 1946年度客車形二次の図面。ここではオハ71-Bタイプとして区分した。

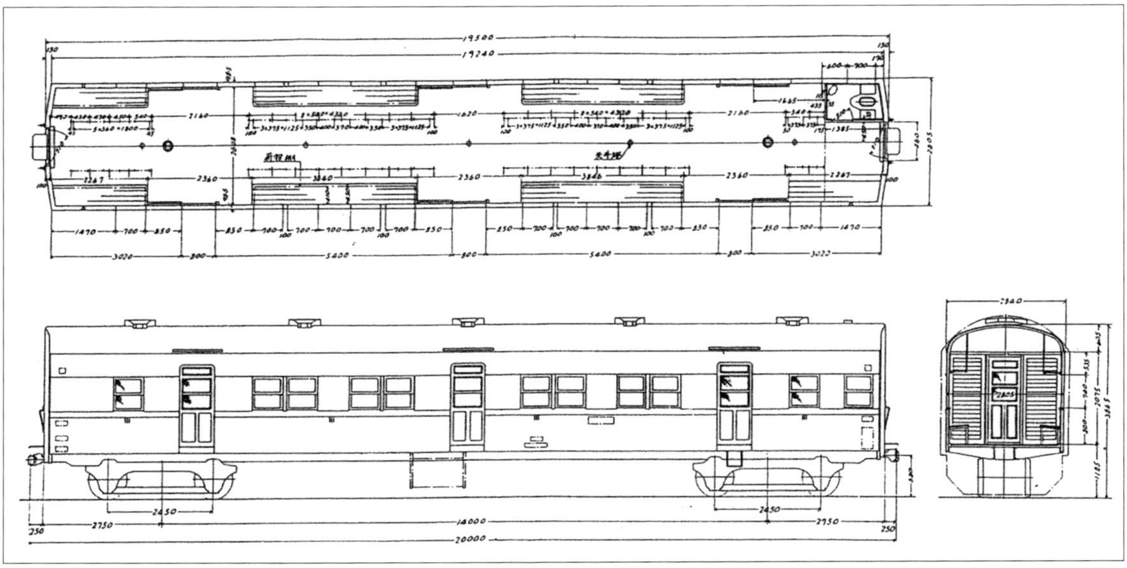

■オハ71形 形式図（電車タイプ車体） ここではオハ71-Cタイプとして区分した。

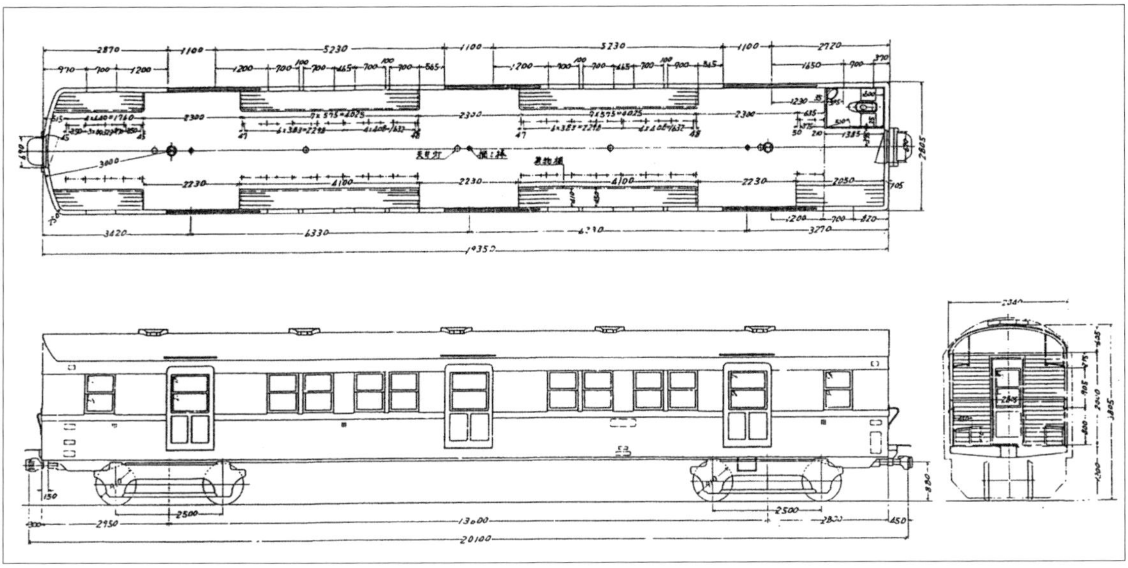

■オハ71形 形態分類表(1)

落成							その後の改造・廃車				
形式番号	妻面・屋根形状	台車	分類	落成年月日	場区	落成配置	最終配置	形式番号	年月日	摘要	
オハ 71 1	直線折妻・キャンバス	*TR23系*	オハ71-Aタイプ	1946. 11. 20	日本車両製造東京支店	(東)	(千)	マニ 74 55	1951. 5. 9		
オハ 71 2	直線折妻・キャンバス	*TR11系*	オハ71-Aタイプ	1946. 11. 27	日本車両製造東京支店	(東)	(高)	マニ 74 56	1951. 6. 20		
オハ 71 3	直線折妻・キャンバス	*TR23系*	オハ71-Aタイプ	1946. 11. 27	日本車両製造東京支店	(東)	(東)	マニ 74 57	1951. 6. 26		
オハ 71 4	直線折妻・キャンバス	*TR23系*	オハ71-Aタイプ	1946. 11. 30	日本車両製造東京支店	(東)	(高)	マニ 74 58	1951. 6. 20		
オハ 71 5	直線折妻・キャンバス	TR23系	オハ71-Aタイプ	1946. 12. 14	日本車両製造東京支店	(東)	(高)	マニ 74 59	1951. 6. 16		
オハ 71 6	直線折妻・キャンバス	*TR23系*	オハ71-Aタイプ	1946. 12. 14	日本車両製造東京支店	(東)	(高)	マニ 74 60	1951. 7. 6		
オハ 71 7	直線折妻・キャンバス	*TR23系*	オハ71-Aタイプ	1946. 12. 25	日本車両製造東京支店	(東)	(高)	マニ 74 61	1951. 7. 23		
オハ 71 8	直線折妻・キャンバス	*TR23系*	オハ71-Aタイプ	1946. 12. 25	日本車両製造東京支店	(東)	(高)	マニ 74 62	1951. 6. 9		
オハ 71 9	直線折妻・キャンバス	*TR23系*	オハ71-Aタイプ	1946. 12. 28	日本車両製造東京支店	(東)	(東)	マニ 74 63	1951. 8. 28		
オハ 71 10	直線折妻・キャンバス	TR23系	オハ71-Aタイプ	1947. 1. 31	日本車両製造東京支店	(東)	(東)	マニ 74 64	1951. 9. 10		
オハ 71 11	半流・鋼板・ノーシルノーヘッダー	TR23系	オハ71-Dタイプ	1946. 10. 30	多度津	(四)	(熊)	スユニ 72 51	1954. 2. 13		
オハ 71 12	半流・キャンバス	TR23系	オハ71-Eタイプ	1946. 12. 28	多度津	(四)	(熊)	スユニ 72 52	1954. 3. 1		
オハ 71 13	直線折妻・キャンバス	TR23系	オハ71-Fタイプ	1947. 2. 28	多度津	(四)	(熊)	スユニ 72 53	1954. 3. 24		
オハ 71 14	直線折妻・キャンバス	*TR23系*	オハ71-Aタイプ	1946. 10. 30	川崎車両	(大)	(大)	マニ 74 65	1952. 3. 26	AC有	
オハ 71 15	直線折妻・キャンバス	TR23系	オハ71-Aタイプ	1946. 11. 30	川崎車両	(大)	(大)	マニ 74 66	1951. 4. 14		
オハ 71 16	直線折妻・キャンバス	*TR11系*	オハ71-Aタイプ	1947. 1. 31	新潟鉄工所	(名)	(名)	マニ 74 50	1950. 7.		
オハ 71 17	直線折妻・キャンバス	*TR11系*	オハ71-Aタイプ	1947. 1. 31	新潟鉄工所	(名)	(名)	マニ 74 51	1950. 7.		
オハ 71 18	直線折妻・キャンバス	*TR23系*	オハ71-Aタイプ	1947. 2. 28	新潟鉄工所	(東)	(水)	マニ 74 67	1951. 12. 20		
オハ 71 19	直線折妻・キャンバス	*TR23系*	オハ71-Aタイプ	1947. 2. 28	新潟鉄工所	(東)	(名)	マニ 74 68	1951. 6. 14		
オハ 71 20	直線折妻・キャンバス	*TR23系*	オハ71-Aタイプ	1946. 11. 30	富士産業半田工場	(名)	(名)	マニ 74 52	1950. 8.		
オハ 71 21	直線折妻・キャンバス	*TR23系*	オハ71-Aタイプ	1946. 12. 28	川崎車両	(広)	(大)	マニ 74 69	1951. 4. 30		
オハ 71 22	直線折妻・キャンバス	*TR23系*	オハ71-Bタイプ	1948. 2. 4	三井造船玉野製作所	(広)	(大)	マニ 74 70	1952. 3. 20		
オハ 71 23	直線折妻・キャンバス	*TR23系*	オハ71-AorBタイプ	1948. 2. 25	川崎車両	(広)	(広)	スユニ 72 2	1953. 11. 14		
オハ 71 24	丸屋根・キャンバス	*TR23系*	オハ71-AorBタイプ	1948. 3. 15	川崎車両	(広)	(広)	スユニ 72 3	1953. 11. 21		
オハ 71 25	直線折妻・キャンバス	TR23系	オハ71-AorBタイプ	1947. 2. 8	川南工業浦崎造船所	(門)	(熊)	スユニ 72 4	1953. 11. 14		
オハ 71 26	直線折妻・キャンバス	TR23系	オハ71-Bタイプ	1947. 3. 28	川南工業浦崎造船所	(門)	(熊)	スユニ 72 5	1953. 11. 27		
オハ 71 27	丸屋根・キャンバス	TR23系	オハ71-Gタイプ	1947. 3. 7	三菱重工業長崎造船所	(門)	(門)	スユニ 72 6	1953. 12. 21		
オハ 71 28	丸屋根・キャンバス	*TR23系*	オハ71-AorBタイプ	1947. 3. 19	三菱重工業長崎造船所	(門)	(門)	スユニ 72 7	1953. 12. 10		
オハ 71 29	丸屋根・キャンバス	*TR23系*	オハ71-AorBタイプ	1947. 3. 31	三菱重工業長崎造船所	(門)	(門)	スユニ 72 8	1953. 12. 27		
オハ 71 30	丸屋根・キャンバス	*TR23系*	オハ71-AorBタイプ	1947. 8. 31	三菱重工業長崎造船所	(門)	(門)	スユニ 72 9	1954. 2. 9		
オハ 71 31	丸屋根・キャンバス	*TR23系*	オハ71-AorBタイプ	1947. 7. 22	三菱重工業長崎造船所	(門)	(門)	スユニ 72 10	1954. 2. 16		
オハ 71 32	直線折妻・キャンバス	*TR23系*	オハ71-Aタイプ	1947. 1. 28	富士産業半田工場	(名)	(名)	マニ 74 53	1950. 8.		
オハ 71 33	直線折妻・キャンバス	*TR23系*	オハ71-Aタイプ	1947. 1. 30	日本海船渠	(名)	(名)	マニ 74 54	1950. 8.		
オハ 71 34	直線折妻・キャンバス	*TR11系*	オハ71-Aタイプ	1947. 3. 20	新潟鉄工所	(新)	(長)	オユニ 71 1	1951. 2.		
オハ 71 35	直線折妻・キャンバス	*TR23系*	オハ71-Aタイプ	1947. 3. 20	新潟鉄工所	(新)	(長)	オユニ 71 2	1951. 2.		
オハ 71 36	直線折妻・キャンバス	*TR11系*	オハ71-Aタイプ	1947. 3. 20	新潟鉄工所	(新)	(長)	オユニ 71 3	1951. 3.		
オハ 71 37	直線折妻・キャンバス	*TR23系*	オハ71-Bタイプ	1947. 3. 25	東洋レーヨン	(大)	(大)	マニ 74 71	1951. 6. 11		
オハ 71 38	直線折妻・キャンバス	*TR23系*	オハ71-Aタイプ	1947, 3. 29	富士産業半田工場	(名)	(名)	マニ 74 72	1951. 6. 25		
オハ 71 39	直線折妻・キャンバス	*TR23系*	オハ71-Bタイプ	1947. 5. 30	三井造船玉野製作所	(大)	(大)	マニ 74 73	1951. 4. 27		
オハ 71 40	直線折妻・キャンバス	*TR23系*	オハ71-AorBタイプ	1947. 5. 30	三井造船玉野製作所	(大)	(大)	スユニ 72 11	1953. 12. 26		
オハ 71 41	直線折妻・キャンバス	*TR23系*	オハ71-AorBタイプ	1947. 3. 29	若松車両	(門)	(門)	スユニ 72 12	1954. 1. 13		
オハ 71 42	直線折妻・キャンバス	*TR23系*	オハ71-AorBタイプ	1947. 3. 31	若松車両	(門)	(大)	スユニ 72 13	1954. 3. 4		
オハ 71 43	丸屋根・キャンバス	*TR23系*	*オハ71-Hタイプ*	1947. 3. 31	川南工業浦崎造船所	(門)	(大)	スユニ 72 14	1954. 2. 17		
オハ 71 44	丸屋根・キャンバス	*TR23系*	オハ71-Bタイプ	1947. 3. 20	日本海船渠	(名)	(名)	マニ 74 74	1951. 6. 19		
オハ 71 45	直線折妻・キャンバス	TR23系	オハ71-Bタイプ	1947. 3. 31	東洋レーヨン	(大)	(大)	スユニ 72 15	1953. 12. 8	AC有	
オハ 71 46	直線折妻・キャンバス	*TR23系*	オハ71-Bタイプ	1947. 3. 20	新潟鉄工所	(新)	(長)	オユニ 71 4	1951. 3.		
オハ 71 47	直線折妻・キャンバス	*TR23系*	オハ71-AorBタイプ	1947. 6. 30	大宮工場	(東)	(名)	スユニ 72 16	1954. 3. 5		
オハ 71 48	直線折妻・キャンバス	*TR23系*	オハ71-Bタイプ	1948. 2. 3	三井造船玉野製作所	(東)	(名)	マニ 74 76	1951. 12. 25		
オハ 71 49	直線折妻・キャンバス	*TR23系*	オハ71-AorBタイプ	1947. 3. 31	木南車両製造	(大)	(大)	スユニ 72 17	1953. 10. 28		
オハ 71 50	直線折妻・キャンバス	*TR23系*	オハ71-Bタイプ	1947. 4. 25	東洋レーヨン	(大)	(大)	スユニ 72 18	1954. 1. 17		
オハ 71 51	直線折妻・キャンバス	*TR23系*	オハ71-Aタイプ	1947. 7. 71	木南車両製造	(大)	(大)	マニ 76 15	1953. 3. 31		
オハ 71 52	直線折妻・キャンバス	*TR23系*	オハ71-Bタイプ	1947. 4. 3	新潟鉄工所	(新)	(秋)	オユニ 71 6	1951. 2.		

※AC有：アンチクライマーあり

■オハ71形 形態分類表(2)

落成							その後の改造・廃車			
形式番号	妻面・屋根形状	台車	分類	落成年月日	場区	落成配置	最終配置	形式番号	年月日	摘要
オハ71 53	直線折妻・キャンバス	*TR23系*	オハ71-Aタイプ	1947. 5.25	新潟鉄工所	(新)	(秋)	オユニ71 7	1951. 3.	
オハ71 54	直線折妻・キャンバス	*TR23系*	オハ71-Bタイプ	1947, 5.10	日本海船渠	(名)	(名)	マニ 74 77	1951. 6.27	
オハ71 55	直線折妻・キャンバス	*TR23系*	オハ71-Bタイプ	1947. 5.25	東洋レーヨン	(大)	(大)	マニ 76 19	1953. 3.26	
オハ71 56	直線折妻・キャンバス	*TR23系*	オハ71-AorBタイプ	1947. 6.30	東洋レーヨン	(大)	(大)	スユニ72 19	1953.11.30	
オハ71 57	直線折妻・鋼板	*TR23系*	オハ71-AorBタイプ	1947.12.20	日立製作所	(広)	(広)	スユニ72 20	1953.10.31	
オハ71 58	直線折妻・鋼板	*TR23系*	オハ71-AorBタイプ	1947.12.20	日立製作所	(広)	(広)	スユニ72 21	1953.11.11	
オハ71 59	直線折妻・鋼板	*TR23系*	オハ71-AorBタイプ	1947.12.28	日立製作所	(広)	(広)	スユニ72 22	1954. 3.25	
オハ71 60	直線折妻・キャンバス	*TR23系*	オハ71-Bタイプ	1947. 6.14	関東工業	(東)	(天)	スユニ72 23	1954. 1.28	
オハ71 61	直線折妻・キャンバス	*TR23系*	オハ71-AorBタイプ	1947. 7.26	富士産業宇都宮工場	(東)	(天)	スユニ72 33	1953.10.	
オハ71 62	直線折妻・キャンバス	*TR23系*	オハ71-AorBタイプ	1947. 8.14	三井造船玉野製作所	(大)	(大)	スユニ72 24	1953.12.25	
オハ71 63	直線折妻・キャンバス	TR23系	オハ71-Aタイプ	1947.12.23	三井造船玉野製作所	(大)	(大)	マニ 76 21	1953. 3.31	
オハ71 64	直線折妻・キャンバス	*TR23系*	オハ71-Bタイプ	1948. 1.21	三井造船玉野製作所	(名)	(名)	マニ 74 75	1951. 6.21	
オハ71 65	直線折妻・キャンバス	*TR23系*	オハ71-AorBタイプ	1947.11.13	三井造船玉野製作所	(広)	(広)	スユニ72 25	1954. 3.15	
オハ71 66	丸屋根・キャンバス	*TR23系*	オハ71-AorBタイプ	1947. 9.25	三井造船玉野製作所	(大)	(大)	スユニ72 26	1954. 2. 6	
オハ71 67	丸屋根・キャンバス	*TR23系*	オハ71-AorBタイプ	1947. 9.27	三菱重工業長崎造船所	(門)	(門)	スユニ72 27	1954. 3.18	
オハ71 68	直線折妻・キャンバス	*TR23系*	オハ71-AorBタイプ	1947.10.15	三菱重工業長崎造船所	(門)	(門)	スユニ72 28	1953.11.18	
オハ71 69	直線折妻・キャンバス	*TR23系*	オハ71-AorBタイプ	1947. 8.27	川南工業浦崎造船所	(門)	(門)	スユニ72 29	1954. 3.28	
オハ71 70	直線折妻・キャンバス	*TR23系*	オハ71-Bタイプ	1948. 1.20	川南工業浦崎造船所	(門)	(門)	マニ 76 1	1953. 3. 7	
オハ71 71	直線折妻・キャンバス	*TR23系*	オハ71-Bタイプ	1947.12.20	川南工業浦崎造船所	(門)	(門)	マニ 76 2	1953. 3.14	
オハ71 72	直線折妻・キャンバス	*TR23系*	オハ71-Bタイプ	1947. 9.20	若松車両	(門)	(門)	マニ 76 3	1953. 3.20	
オハ71 73	直線折妻・キャンバス	*TR23系*	オハ71-Bタイプ	1947.10.11	若松車両	(門)	(門)	マニ 76 4	1953. 3.19	
オハ71 74	直線折妻・キャンバス	*TR23系*	オハ71-Bタイプ	1947.11.20	若松車両	(門)	(門)	マニ 76 5	1952.12.14	
オハ71 75	直線折妻・キャンバス	*TR23系*	オハ71-Bタイプ	1947. 8.31	帝国車両工業	(大)	(天)	マニ 76 6	1953. 1.20	
オハ71 76	直線折妻・キャンバス	*TR23系*	オハ71-Bタイプ	1947. 8.31	帝国車両工業	(大)	(大)	マニ 76 7	1953. 3.10	
オハ71 77	直線折妻・キャンバス	*TR23系*	オハ71-Aタイプ	1947. 8.31	帝国車両工業	(大)	(大)	マニ 76 8	1953. 3.22	
オハ71 78	直線折妻・キャンバス	不明		1947. 8.22	帝国車両工業	(大)	(大)	マニ 76 9	1953. 3.28	
オハ71 79	直線折妻・キャンバス	*TR23系*	オハ71-Aタイプ	1947. 8.22	帝国車両工業	(大)	(大)	マニ 76 10	1952.10.28	
オハ71 80	直線折妻・キャンバス	*TR23系*	オハ71-Aタイプ	1947.10.31	帝国車両工業	(大)	(天)	マニ 76 11	1953. 3.19	
オハ71 81	直線折妻・キャンバス	*TR23系*	オハ71-Aタイプ	1947.11.15	帝国車両工業	(大)	(天)	マニ 76 12	1953. 2.12	
オハ71 82	直線折妻・キャンバス	*TR23系*	オハ71-Aタイプ	1947. 8.23	木南車両製造	(大)	(天)	マニ 76 13	1953. 3.31	
オハ71 83	直線折妻・キャンバス	*TR23系*	オハ71-Aタイプ	1947. 8.31	木南車両製造	(大)	(大)	マニ 76 14	1953. 3.17	
オハ71 84	直線折妻・キャンバス	*TR23系*	オハ71-AorBタイプ	1947. 9.22	木南車両製造	(大)	(大)	スユニ72 30	1954. 1.30	
オハ71 85	直線折妻・キャンバス	*TR23系*	オハ71-Aタイプ	1947.10.22	木南車両製造	(大)	(大)	マニ 76 16	1953. 2.27	
オハ71 86	直線折妻・キャンバス	*TR23系*	オハ71-Bタイプ	1947. 9.29	富士産業半田工場	(名)	(静)	マニ 74 78	1951. 6.13	
オハ71 87	直線折妻・キャンバス	*TR23系*	オハ71-Bタイプ	1947.10.16	富士産業半田工場	(名)	(静)	マニ 74 79	1951. 6.13	
オハ71 88	絞り折妻・キャンバス	*TR23系*	オハ71-Bタイプ	1948. 1.17	富士産業宇都宮工場	(門)	(門)	マニ 76 17	1953. 2.17	
オハ71 89	直線折妻・キャンバス	*TR23系*	オハ71-Bタイプ	1948. 2. 3	若松車両	(門)	(門)	マニ 76 18	1953. 3.25	
オハ71 90	直線折妻・キャンバス	TR23系	オハ71-Aタイプ	1947.11.29	木南車両製造	(大)	(大)	スユニ72 54	1954. 1.20	
オハ71 91	直線折妻・キャンバス	*TR23系*	オハ71-Aタイプ	1948.11.25	木南車両製造	(大)	(大)	マニ 76 20	1953. 2.14	
オハ71 92	直線折妻・キャンバス	TR23系	オハ71-Aタイプ	1948.11.25	木南車両製造	(大)	(大)	スユニ72 55	1954. 1.23	
オハ71 93	直線折妻・キャンバス	*TR23系*	オハ71-Aタイプ	1948.11.15	帝国車両工業	(大)	(大)	マニ 76 22	1953. 2.28	
オハ71 94	直線折妻・キャンバス	TR23系	オハ71-Aタイプ	1947.12.15	帝国車両工業	(大)	(大)	マニ 76 23	1953. 2.21	
オハ71 95	直線折妻・キャンバス	*TR23系*	オハ71-Aタイプ	1947.12.22	帝国車両工業	(大)	(大)	マニ 76 24	1952.12.12	
オハ71 96	丸屋根・キャンバス	*TR23系*	オハ71-Bタイプ	1947.11.22	三菱重工業長崎造船所	(門)	(門)	マニ 76 25	1953. 2.27	
オハ71 97	丸屋根・キャンバス	*TR23系*	オハ71-Bタイプ	1947.12.24	三菱重工業長崎造船所	(門)	(門)	マニ 76 26	1953. 3.18	
オハ71 98	丸屋根・キャンバス	*TR23系*	オハ71-Bタイプ	1948. 1.18	三菱重工業長崎造船所	(名)	(門)	マニ 76 27	1953. 3.28	
オハ71 99	直線折妻・キャンバス	*TR23系*	オハ71-Aタイプ	1947.11.15	新潟鉄工所	(新)	(新)	マニ 74 80	1951. 6.18	
オハ71 100	直線折妻・キャンバス	*TR23系*	オハ71-Bタイプ	1948. 7.21	若松車両	(門)	(門)	マニ 76 28	1952.12. 9	
オハ71 101	直線折妻・キャンバス	*TR23系*	オハ71-Bタイプ	1948. 9.20	富士車両	(門)	(門)	マニ 76 29	1952.11.10	
オハ71 102	直線折妻・キャンバス	*TR23系*	オハ71-Bタイプ	1948. 3.18	富士産業半田工場	(名)	(静)	マニ 74 81	1952. 3.17	
オハ71 103	直線折妻・キャンバス	*TR23系*	オハ71-Bタイプ	1948. 2.19	木南車両製造	(四)	(熊)	マニ 76 30	1952.10.21	
オハ71 104	直線折妻・キャンバス	*TR23系*	オハ71-Bタイプ	1948. 3.23	木南車両製造	(門)	(門)	マニ 76 31	1952.12.27	AC有

※AC有：アンチクライマーあり

■オハ71形 形態分類表(3)

落成								その後の改造・廃車		
形式番号	妻面・屋根形状	台車	分類	落成年月日	場区	落成配置	最終配置	形式番号	年月日	摘要
オハ 71 105	直線折妻・キャンバス	*TR23系*	オハ71-Bタイプ	1948. 3.23	木南車両製造	(門)	(門)	マニ 76 32	1953. 1.31	
オハ 71 106	半流・キャンバス	*TR23系*	オハ71-Cタイプ	1948. 5.31	日国工業	(東)	(東)	マニ 74 14	1952. 3.29	
オハ 71 107	直線切妻・キャンバス	*TR23系*	オハ71-Cタイプ	1948. 6.19	日国工業	(東)	(東)	マニ 74 1	1950. 8.	
オハ 71 108	半流・キャンバス	*TR23系*	オハ71-Cタイプ	1948.11.25	日国工業	(名)	(静)	マニ 74 2	1950. 8.	
オハ 71 109	直線折妻・キャンバス	*TR23系*	*オハ71-Iタイプ*	1948.10.20	若松車両	(門)	(門)	マニ 76 33	1953. 1.16	
オハ 71 110	直線折妻・キャンバス	*TR23系*	オハ71-Bタイプ	1948. 7.31	木南車両製造	(門)	(門)	マニ 76 34	1952.12.13	
オハ 71 111	直線折妻・キャンバス	*TR23系*	オハ71-Bタイプ	1948.10.25	木南車両製造	(門)	(門)	マニ 76 35	1953. 2.20	
オハ 71 112	直線切妻・キャンバス	*TR23系*	オハ71-Cタイプ	1948.12.11	木南車両製造	(門)	(門)	マニ 74 3	1950. 7.	
オハ 71 113	直線切妻・キャンバス	*TR23系*	オハ71-Cタイプ	1948.12.11	木南車両製造	(門)	(鹿)	マニ 74 4	1950. 7.	
オハ 71 114	半流・キャンバス	*TR23系*	オハ71-Cタイプ	1948.12.11	木南車両製造	(門)	(分)	マニ 74 5	1950. 7.	
オハ 71 115	直線折妻・キャンバス	*TR23系*	オハ71-Bタイプ	1949. 1.18	木南車両製造	(門)	(分)	マニ 76 36	1953. 1.21	
オハ 71 116	直線切妻・キャンバス	*TR23系*	オハ71-Cタイプ	1949. 1.18	木南車両製造	(門)	(熊)	マニ 74 6	1950. 9.	
オハ 71 117	直線切妻・キャンバス	*TR23系*	オハ71-Cタイプ	1949. 2.22	木南車両製造	(門)	(熊)	マニ 74 7	1950. 8.	
オハ 71 118	半流・キャンバス	*TR23系*	オハ71-Cタイプ	1949. 2.22	木南車両製造	(門)	(熊)	マニ 74 8	1950. 9.	
オハ 71 119	直線折妻・キャンバス	*TR23系*	*オハ71-Jタイプ*	1948.12.13	若松車両	(門)	(門)	マニ 76 37	1953. 2. 7	
オハ 71 120	直線切妻・キャンバス	*TR23系*	オハ71-Bタイプ	1949. 2.17	富士産業宇都宮工場	(門)	(門)	マニ 76 92	1953. 2.23	
オハ 71 121	直線切妻・キャンバス	*TR23系*	オハ71-Bタイプ	1949. 3. 7	富士産業宇都宮工場	(門)	(門)	マニ 76 93	1953. 2.21	
オハ 71 122	直線折妻・キャンバス	*TR23系*	未確認	1949. 3. 7	富士産業宇都宮工場	(門)	(鹿)	マニ 76 91	1952.11.14	
オハ 71 123	直線折妻・キャンバス	*TR23系*	オハ71-Cタイプ	1949. 3.11	関東工業	(門)	(鹿)	マニ 74 9	1950. 8.	
オハ 71 124	半流・キャンバス	*TR23系*	*オハ71-Kタイプ*	1949. 3.18	関東工業	(門)	(熊)	マニ 74 10	1950. 8.	
オハ 71 125	直線切妻・キャンバス	*TR23系*	オハ71-Cタイプ	1949. 9.16	日本鋼管鶴見造船所	(門)	(熊)	マニ 74 11	1950. 8.	
オハ 71 126	半流・キャンバス・妻面帯なし	*TR23系*	オハ71-Bタイプ	1949. 9.16	東洋レーヨン	(新)	(新)	マニ 74 12	1951. 4.13	
オハ 71 127	半流・キャンバス・妻面帯なし	*TR23系*	オハ71-Bタイプ	1948. 9.27	東洋レーヨン	(新)	(新)	マニ 74 13	1951. 4.13	
オハ 71 128	半流・キャンバス・妻面帯なし	*TR23系*	オハ71-Bタイプ	1948.12.28	東洋レーヨン	(新)	(秋)	オユニ 71 8	1951. 3.	
オハ 71 129	半流・キャンバス・妻面帯なし	*TR23系*	オハ71-Bタイプ	1949. 1.25	東洋レーヨン	(新)	(秋)	オユニ 71 9	1951. 3.	
オハ 71 130	直線切妻・キャンバス	*TR23系*	オハ71-Bタイプ	1949. 3.18	東洋レーヨン	(新)	(秋)	オユニ 71 10	1951. 3.	
オハ 71 131	直線折妻・キャンバス	*TR23系*	オハ71-Bタイプ	1948.11.11	東洋レーヨン	(新)	(長)	オユニ 71 5	1951. 3.	
オハ 71 133	直線折妻・キャンバス	*TR23系*	オハ71-Bタイプ	1948.12.14	富士車両	(大)	(天)	マニ 76 41	1953. 2.	
オハ 71 500	絞り折妻・キャンバス	*TR11系*	*オハ71-Lタイプ*	1947. 1.31	日本車両製造本店	(新)	(秋)	オハユニ 71 1	1950. 7.	
オハ 71 501	絞り折妻・キャンバス	*TR11系*	*オハ71-Lタイプ*	1947. 1.31	日本車両製造本店	(新)	(秋)	オハユニ 71 2	1950. 8.	
オハ 71 502	絞り折妻・キャンバス	*TR11系*	*オハ71-Lタイプ*	1947. 1.14	日本車両製造本店	(新)	(秋)	オハユニ 71 3	1950.10.	
オハ 71 503	絞り折妻・キャンバス	*TR11系*	*オハ71-Lタイプ*	1947. 1.14	日本車両製造本店	(名)	(名)	オハユニ 71 4	1950.10.	
オハ 71 504	絞り折妻・キャンバス	TR11系	オハ71-Iタイプ	1947. 1.14	日本車両製造本店	(広)	(広)	スユニ 72 1	1953.11.30	
オハ 71 505	絞り折妻・キャンバス	*TR11系*	*オハ71-Lタイプ*	1947. 3.16	日本車両製造本店	(大)	(大)	オハユニ 71 5	1950. 8.	
オハ 71 506	絞り折妻・キャンバス	*TR23系*	*オハ71-Lタイプ*	1947. 3.16	日本車両製造本店	(大)	(大)	オハユニ 71 6	1950. 9.	
オハ 71 507	絞り折妻・キャンバス	*TR23系*	*オハ71-Lタイプ*	1947. 3.16	日本車両製造本店	(大)	(大)	オハユニ 71 7	1950.10.	
オハ 71 508	絞り折妻・キャンバス	*TR23系*	*オハ71-Lタイプ*	1947. 5.29	日本車両製造本店	(大)	(大)	オハユニ 71 8	1950.10.	
オハ 71 509	絞り折妻・キャンバス・ノーヘッダー	*TR23系*	*オハ71-Mタイプ*	1947. 5.29	日本車両製造本店	(名)	(名)	オハユニ 71 9	1950.11.	
オハ 71 510	絞り折妻・キャンバス	*TR11系*	オハ71-Nタイプ	1947. 8.23	日本車両製造本店	(名)	(名)	オハユニ 71 10	1950. 9.	
オハ 71 511	絞り折妻・キャンバス	*TR23系*	*オハ71-Lタイプ*	1947. 8.23	日本車両製造本店	(東)	(高)	オハユニ 71 11	1950. 9.	
オハ 71 512	絞り折妻・キャンバス	*TR23系*	*オハ71-Lタイプ*	1947. 8.27	日本車両製造本店	(東)	(高)	オハユニ 71 12	1950.10.	
オハ 71 513	絞り折妻・キャンバス	TR23系	*オハ71-Lタイプ*	1947. 8.27	日本車両製造本店	(東)	(高)	オハユニ 71 13	1950.11.	AC有
オハ 71 514	絞り折妻・キャンバス	TR23系	オハ71-Nタイプ	1947.10.29	日本車両製造本店	(東)	(高)	オハユニ 71 14	1950.11.	
オハ 71 515	絞り折妻・キャンバス	*TR23系*	オハ71-Pタイプ	1947.10.29	日本車両製造本店	(名)	(名)	オハユニ 71 15	1950. 9.	
オハ 71 516	絞り折妻・キャンバス・ノーヘッダー	*TR23系*	*オハ71-Oタイプ*	1947.10.31	日本車両製造本店	(名)	(名)	オハユニ 71 16	1950.10.	
オハ 71 517	絞り折妻・キャンバス	*TR11系*	オハ71-Qタイプ	1947.11.12	日本車両製造本店	(名)	(名)	オハユニ 71 17	1950.11.	AC有
オハ 71 518	絞り折妻・キャンバス	*TR23系*	オハ71-Pタイプ	1947.11.29	日本車両製造本店	(名)	(名)	オハユニ 71 18	1950.10.	
オハ 71 519	絞り折妻・キャンバス・ノーヘッダー	*TR23系*	*オハ71-Oタイプ*	1947.11.29	日本車両製造本店	(名)	(名)	オハユニ 71 19	1950.11.	
オハ 71 520	絞り折妻・キャンバス	*TR23系*	オハ71-Pタイプ	1947.12.29	日本車両製造本店	(名)	(名)	オハユニ 71 20	1950.10.	
オハ 71 521	絞り折妻・キャンバス	*TR23系*	*オハ71-Rタイプ*	1947.12.29	日本車両製造本店	(広)	(広)	スユニ 72 31	1954. 1.25	
オハ 71 522	丸屋根・キャンバス	*TR23系*	オハ71-Qタイプ	1949. 3.14	若松車両	(門)	(鹿)	スユニ 72 32	1954. 2.28	

AC有：アンチクライマーあり

オハ71 94（オハ71-Aタイプ）。1-3位側を示す。　1952.8.6　京都　P：久保　敏

オハ71 1～9のいずれか（オハ71-Aタイプ）。1-3位側を示す。
P所蔵：宮崎繁幹

オハ71 11（オハ71-Dタイプ）。1-3位側を示す。クハ55形の車体が残る。形態を確認するため、横方向に拡大して掲載した。
1948.10.13　高松客車区　P：浦原利穂

オハ71 50（オハ71-Bタイプ）。1-3位側を示す。　1947.4.26 宮原検車区　P：浦原利穂

オハ71 11(オハ71-Dタイプ)。2-4位側を示す。　1951.7.21　八代　P所蔵：鉄道友の会客車気動車研究会

オハ71 12(オハ71-Eタイプ)。1-3位側を示す。クハ55形の車体が残る。　1951.7.21　八代　P所蔵：鉄道友の会客車気動車研究会

オハ71 13(オハ71-Fタイプ)。1-3位側を示す。クハ55形の車体が残る。
P所蔵：鈴木靖人

オハ71 12(左)とオハ71 11(右)。いずれも元々運転台があった前位側である。 1951.7.21　八代　P所蔵：鉄道友の会客車気動車研究会

オハ71 27(オハ71-Gタイプ)。2-4位側を示す。オハフ33形の車体が残る。　P：『鉄道技術発達史』掲載写真

オハ71 13(オハ71-Fタイプ)。2-4位側を示す。　1951.6.21　鹿児島　P所蔵：鉄道友の会客車気動車研究会

オハ71 504(オハ71-Lタイプ)。1-3位側を示す。スハ32形の車体が残る。
1947.5.24　吹田貨物
P：浦原利穂

オハ71 513(オハ71-Lタイプ)。2-4位側を示す。スハ32形の車体が残る。
1950.2.4　尾久　P：芝問政司

オハ71 514(オハ71-Nタイプ)。1-3位側を示す。スハフ32形の車体が残る。
1950.9.15　尾久　P：菅野浩和

▲オハ71-Aタイプ：1946年度客車形の図面に基づく。便所が４位側にある。

▲オハ71-Bタイプ：1946年度客車形二次の図面に基づく。便所が３位側にあるのがオハ71-Aタイプとの違いである。

▲オハ71-Cタイプ：1947年度電車形の図面に基づく。

▲オハ71-Dタイプ：クハ55形の車体が流用されている。

▲オハ71-Eタイプ：クハ55形の車体が流用されている。

▲オハ71-Fタイプ：クハ55形の電車の車体が流用されている。

▲オハ71-Gタイプ：オハフ33形の車体が流用されている。

※以下のタイプは写真がないため図面作成不可能である。
オハ71-Hタイプ：スロハ31形の車体流用／オハ71-Iタイプ：スハ32形の車体流用／オハ71-Jタイプ：スロハ31形の車体流用／オハ71-Kタイプ：電車の車体流用

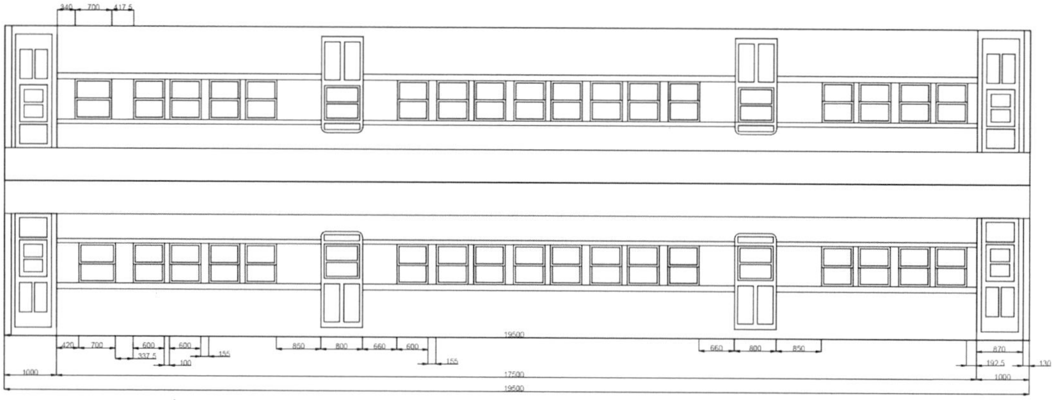

▲オハ71-Lタイプ：スハ32形の車体が流用されている。国鉄図面はなく、日車図面に基づく。

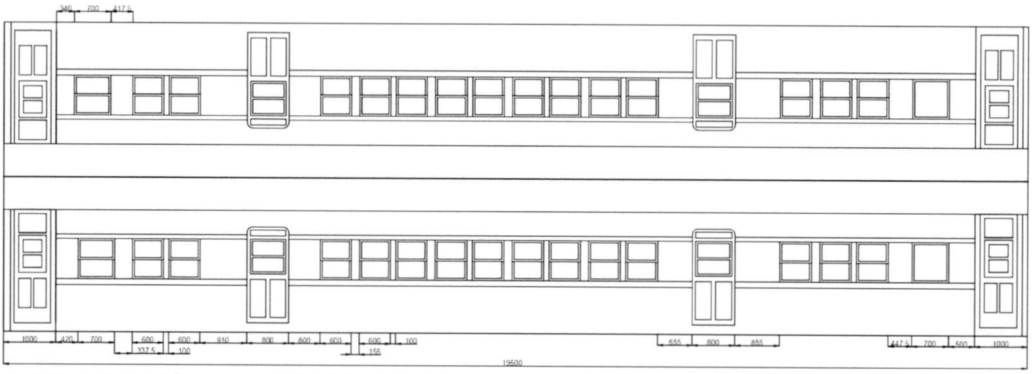

▲オハ71-Nタイプ：スハフ32形の車体が流用されている。

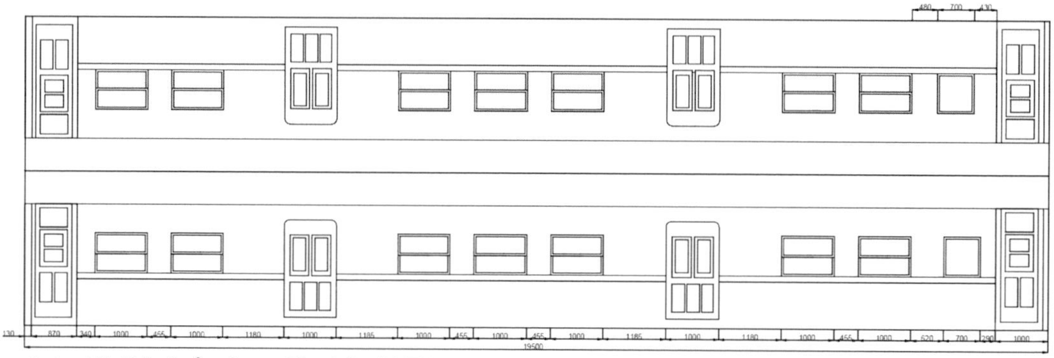

▲オハ71-Oタイプ：オハ35形の車体が流用されている。国鉄図面はなく、日車図面に基づく。

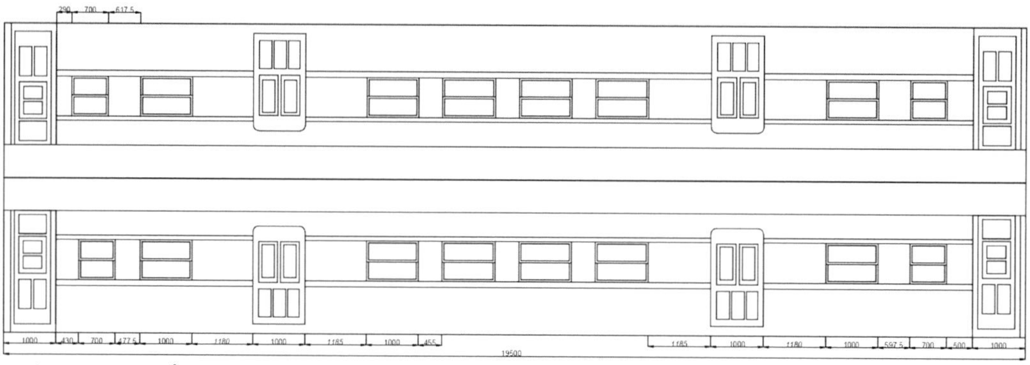

▲オハ71-Pタイプ：オハフ33形の車体が流用されている。

※以下のタイプは写真がないため図面作成不可能である。
オハ71-Mタイプ：スハ32(ノーヘッダー) 形の車体流用／オハ71-Qタイプ：スハニ31形の車体流用／オハ71-Rタイプ：オハ34形の車体流用

オハ77 2(オハ77-Aタイプ)。2-4位側を示す。　P提供：前里　孝

3.3　オハ77→オハ78形

オハ77形は3軸ボギー20m級の3等座席車である。1～30（24は欠番）の29両が落成している。1953年オハ78形への形式変更後、1954年までに全車がマユニ78形に改造されたため、オハ77形の写真は少ない。タイプとしては3タイプがある。オハ77-Aタイプとオハ77-Bタイプの違いは便所の位置であるが、マユニ78形に改造された場合はこれが撤去されるため、判別ができない。

■オハ77形 形態分類表

落成							その後の改造			その後の改造・廃車		
形式番号	妻面・屋根形状	台車	分類	落成年月日	場区	落成配置	形式番号	年月日	場区	最終配置	形式番号	年月日
オハ 77 1	直線折妻・キャンバス	*TR71系*	オハ77-AorBタイプ	1946.10.30	川崎車両	（大）	オハ 78 1	1953. 6. 1	改番	（大）	マユニ 78 1	1953.12.24
オハ 77 2	直線折妻・キャンバス	TR71系	オハ77-Aタイプ	1947. 4.14	川崎車両	（大）	オハ 78 2	1953. 6. 1	改番	（大）	マユニ 78 2	1954. 1. 9
オハ 77 3	直線折妻・キャンバス	*TR71系*	オハ77-AorBタイプ	1947. 8.27	川崎車両	（大）	オハ 78 3	1953. 6. 1	改番	（大）	マユニ 78 14	1954. 1.29
オハ 77 4	直線折妻・キャンバス	*TR73系*	オハ77-Aタイプ	1946.12.27	富士産業半田工場	（東）	オハ 78 4	1953. 6. 1	改番	成田	マユニ 78 17	1953.11. 6
オハ 77 5	直線折妻・キャンバス	*TR73系*	オハ77-AorBタイプ	1947. 4. 5	富士産業半田工場	（東）	オハ 78 5	1953. 6. 1	改番	成田	マユニ 78 18	1953.12.25
オハ 77 6	直線折妻・キャンバス	*TR73系*	オハ77-AorBタイプ	1947. 4.15	富士産業半田工場	（東）	オハ 78 6	1953. 6. 1	改番	成田	マユニ 78 19	1953.12.21
オハ 77 7	直線折妻・キャンバス	*TR73系*	オハ77-AorBタイプ	1947. 4.20	富士産業半田工場	（東）	オハ 78 7	1953. 6. 1	改番	成田	マユニ 78 20	1953.12. 8
オハ 77 8	丸屋根・キャンバス	*TR73系*	オハ77-AorBタイプ	1946. 6. 2	三菱重工業長崎造船所	（門）	オハ 78 8	1953. 6. 1	改番	（門）	マユニ 78 21	1954. 3.31
オハ 77 9	直線折妻・キャンバス	*TR73系*	オハ77-AorBタイプ	1947. 7. 4	日本鋼管鶴見造船所	（東）	オハ 78 9	1953. 6. 1	改番	大宮	マユニ 78 13	1953.11.26
オハ 77 10	直線折妻・キャンバス	*TR73系*	オハ77-AorBタイプ	1947.12. 3	日本鋼管鶴見造船所	（東）	オハ 78 10	1953. 6. 1	改番	（高）	マユニ 78 22	1954. 3.26
オハ 77 11	直線折妻・キャンバス	*TR73系*	オハ77-AorBタイプ	1947. 3.30	三井造船玉野製作所	（大）	オハ 78 11	1953. 6. 1	改番	（大）	マユニ 78 15	1954. 1.18
オハ 77 12	直線折妻・キャンバス	TR71系	オハ77-Bタイプ	1947.10.31	関東工業	（東）	オハ 78 12	1953. 6. 1	改番	（高）	マユニ 78 3	1954. 2. 6
オハ 77 13	直線折妻・キャンバス	*TR71系*	オハ77-AorBタイプ	1948.12. 7	関東工業	（東）	オハ 78 13	1953. 6. 1	改番	（高）	マユニ 78 4	1954. 1.30
オハ 77 14	直線折妻・鋼板	TR71系	オハ77-Aタイプ	1947. 3.30	大宮	（東）	オハ 78 14	1953. 6. 1	改番	（高）	マユニ 78 5	1953.12.11
オハ 77 15	直線折妻・キャンバス	*TR73系*	オハ77-Cタイプ	1947. 6.13	木南車両製造	（大）	オハ 78 15	1953. 6. 1	改番	（大）	マユニ 78 16	1954. 2.23
オハ 77 16	直線折妻・キャンバス	*TR73系*	オハ77-AorBタイプ	1947. 6.13	富士産業半田工場	（東）	オハ 78 16	1953. 6. 1	改番	（高）	マユニ 78 23	1954. 2.10
オハ 77 17	直線折妻・キャンバス	*TR73系*	オハ77-AorBタイプ	1947.10.16	富士産業半田工場	（東）	オハ 78 17	1953. 6. 1	改番	（高）	マユニ 78 24	1954. 3.30
オハ 77 18	直線折妻・キャンバス	*TR71系*	オハ77-Bタイプ	1947. 7. 4	富士産業半田工場	（東）	オハ 78 18	1953. 6. 1	改番	（高）	マユニ 78 6	1954. 2.20
オハ 77 19	直線折妻・キャンバス	*TR73系*	オハ77-Bタイプ	1947. 9.29	新潟鉄工所	（東）	オハ 78 19	1953. 6. 1	改番	（高）	マユニ 78 25	1954. 3. 4
オハ 77 20	直線折妻・キャンバス	*TR71系*	オハ77-AorBタイプ	1947.10.31	富士産業半田工場	（東）	オハ 78 20	1953. 6. 1	改番	（高）	マユニ 78 7	1954. 2.27
オハ 77 21	直線折妻・キャンバス	*TR71系*	オハ77-AorBタイプ	1947.11.25	富士産業半田工場	（東）	オハ 78 21	1953. 6. 1	改番	（高）	マユニ 78 8	1954. 3.20
オハ 77 22	直線折妻・キャンバス	*TR73系*	オハ77-AorBタイプ	1947. 8. 9	若松車両	（門）	オハ 78 22	1953. 6. 1	改番	（門）	マユニ 78 27	1954. 3.15
オハ 77 23	丸屋根・キャンバス	*TR71系*	オハ77-AorBタイプ	1947. 9.20	若松車両	（門）	オハ 78 23	1953. 6. 1	改番	（門）	マユニ 78 9	1954. 3.27
オハ 77 25	直線折妻・キャンバス	*TR73系*	オハ77-Bタイプ	1947.12.27	日本鋼管鶴見造船所	（東）	オハ 78 24	1953. 6. 1	改番	（高）	マユニ 78 26	1954. 9.20
オハ 77 26	直線折妻・キャンバス	*TR73系*	オハ77-AorBタイプ	1947.12.27	日本鋼管鶴見造船所	（東）	オハ 78 25	1953. 6. 1	改番	（門）	マユニ 78 28	1953.12.28
オハ 77 27	直線折妻・キャンバス	*TR71系*	オハ77-AorBタイプ	1947.12.23	若松車両	（門）	オハ 78 26	1953. 6. 1	改番		マユニ 78 10	1953.11.14
オハ 77 28	直線折妻・キャンバス	*TR71系*	オハ77-AorBタイプ	1948. 1.21	関東工業	（東）	オハ 78 27	1953. 6. 1	改番	平	マユニ 78 11	1953.10.30
オハ 77 29	直線折妻・キャンバス	*TR71系*	オハ77-Bタイプ	1948. 3.20	関東工業	（東）	オハ 78 28	1953. 6. 1	改番		マユニ 78 12	1953.11.30
オハ 77 30	直線折妻・キャンバス	*TR71系*	オハ77-AorBタイプ	1947.12.23	日本海船渠	（東）	オハ 78 29	1953. 6. 1	改番	（名）	マユニ 78 29	1953.10.31

オハ77 2(オハ77-Aタイプ)。1-3位側を示す。
1947.7.2 宮原検車区
P：浦原利穂

オハ77 2(オハ77-Aタイプ)。1-3位側を示す。
1947.4.15 川崎車両
P：浦原利穂

オハ77 14(オハ77-Aタイプ)。2-4位側を示す。鋼板屋根が特徴である。 1952.12.6 尾久 P：伊藤 昭

オハ77 19(オハ77-Bタイプ)。2-4位側を示す。
大宮　P：久保　敏

オハ77 29(オハ77-Bタイプ)。1-3位側を示す。
1952.10.1　平　P：久保　敏

オハ78 12(オハ77-Bタイプ)。1-3位側を示す。
日光　P：鈴木靖人

オハ77 15(オハ77-Cタイプ)。2-4位側を示す。マロネ37形の窓配置が残る。
1950.10.22　京都　P：奥野利夫

▲オハ77-Aタイプ：便所４位側、オハ71-Aタイプと同一車体。

▲オハ77-Bタイプ：便所３位側、オハ71-Bタイプと同一車体。

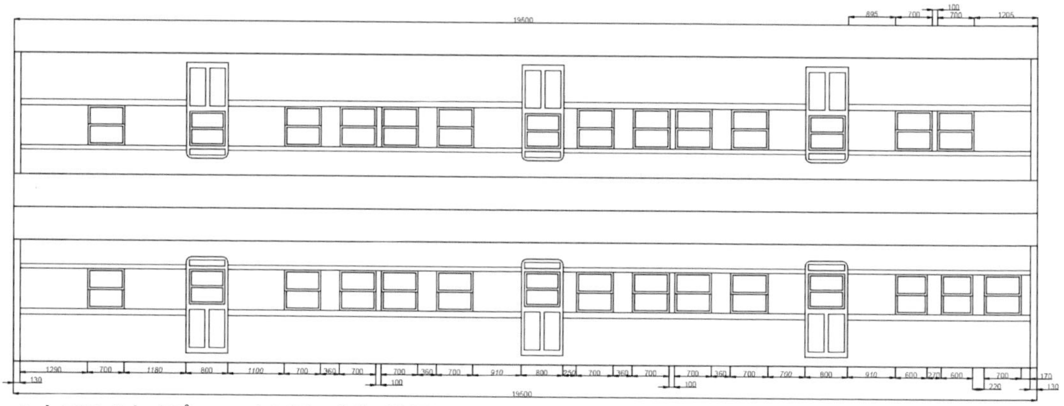

▲オハ77-Cタイプ：マロネ37形の車体が流用されている。

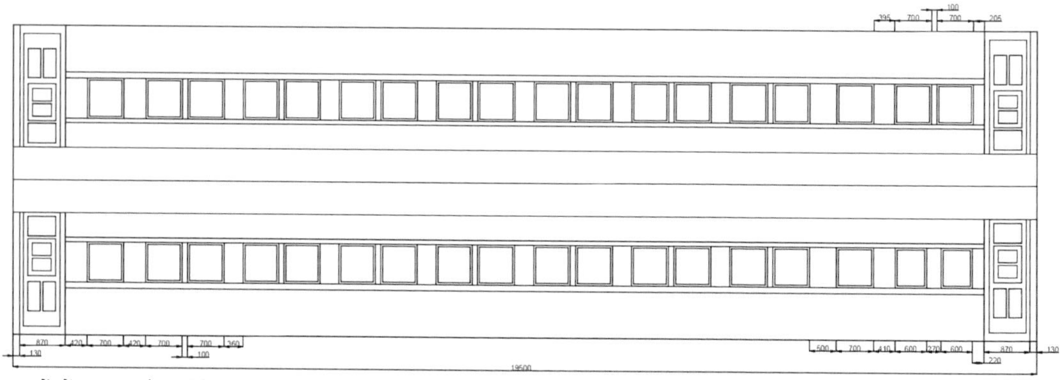

▲参考：マロネ37形の図面

オハフ71 2(オハフ71-Bタイプ)。後ろにつながっているのはオハ70形の丸屋根車であり、オハ70 24または25(オハ70-Bタイプ)のいずれかである。
1952.7.21　門司港　P所蔵：鉄道友の会客車気動車研究会

3.4　オハフ71形

オハフ71形は2軸ボギー20m級の3等座席緩急車である。わずか2両で、いずれも電車型の車体がユニークである。公式図面は存在していない。

オハフ71 2(オハフ71-Bタイプ)。クハ55形の車体が残る。
1948.3.24　宮原検車区
P：浦原利穂

■オハフ71形 形態分類表

落成							その後の改造・廃車		
形式番号	妻面・屋根形状	台車	分類	落成年月日	場区	落成配置	最終配置	形式番号	年月日
オハフ 71 1	半流・キャンバス	TR23系	オハフ71-Aタイプ	1947. 11. 5	東洋レーヨン	(広)	(広)	スユニ 72 56	1953. 12. 18
オハフ 71 2	半流・キャンバス	TR23系	オハフ71-Bタイプ	1948. 3. 5	東洋レーヨン	(四)	(門)	スユニ 72 57	1954. 3. 27

オハフ71 2(オハフ71-Bタイプ)。　　1952.7.21　門司港　P所蔵：鉄道友の会客車気動車研究会

▲オハフ71-Aタイプ：モハ60形の車体そのもの。

▲オハフ71-Bタイプ：クハ55形の車体が流用されている。

オハユニ71 12(オハユニ71-Aタイプ)。1-3位側を示す。 1957.5.3 博多 P：久保 敏

4．形式別解説(郵便・荷物車)

4.1 オハユニ71形

オハユニ71形は、オハ71形500番代から20両が改造された。全部で6タイプある。いずれも客車からの復旧車であり戦災前の姿がよく残っていた。

■オハユニ71形 形態分類表

落成							その後の改造・廃車		
形式番号	妻面・屋根形状	台車	分類	落成年月日	場区	落成配置	最終配置	形式番号	年月日
オハユニ71 1	絞り折妻・キャンバス	TR11系	オハユニ71-Aタイプ	1950. 7.	長野	(新)	高崎		1963. 2. 6
オハユニ71 2	絞り折妻・キャンバス	TR11系	オハユニ71-Aタイプ	1950. 8.	土崎	(新)	弘前	スエ 71 8	1962. 3. 31
オハユニ71 3	絞り折妻・キャンバス	TR11系	オハユニ71-Aタイプ	1950. 10.	土崎	(新)	弘前	スエ 71 9	1962. 3. 31
オハユニ71 4	絞り折妻・キャンバス	TR11系	オハユニ71-Aタイプ	1950. 10.	土崎	(金)	金沢		1963. 10. 3
オハユニ71 5	絞り折妻・キャンバス	TR11系	オハユニ71-Aタイプ	1950. 8. 31	長野	(大)	亀山	スエ 71 51	1964. 2. 19
オハユニ71 6	絞り折妻・キャンバス	TR23系	オハユニ71-Aタイプ	1950. 9.	長野	(大)	亀山	スエ 71 60	1964. 3. 31
オハユニ71 7	絞り折妻・キャンバス	TR23系	オハユニ71-Aタイプ	1950. 10.	長野	(天)	出雲市	スエ 71 50	1964. 3. 31
オハユニ71 8	絞り折妻・キャンバス	TR23系	オハユニ71-Aタイプ	1950. 10.	長野	(天)	出雲市	スエ 71 47	1964. 1. 21
オハユニ71 9	絞り折妻・キャンバス・ノーヘッダー	TR23系	オハユニ71-Bタイプ	1950. 11.	土崎	(金)	出雲市	スエ 71 41	1963. 8. 10
オハユニ71 10	絞り折妻・キャンバス	TR11系	オハユニ71-Cタイプ	1950. 11.	長野	(金)	宮原	スエ 71 42	1963. 8. 31
オハユニ71 11	絞り折妻・キャンバス	TR23系	オハユニ71-Aタイプ	1950. 9.	長野	(高)	水戸		1966. 8. 2
オハユニ71 12	絞り折妻・キャンバス	TR23系	オハユニ71-Aタイプ	1950. 10.	土崎	(門)	大湊	スエ 71 32	1963. 3. 30
オハユニ71 13	絞り折妻・キャンバス	TR23系	オハユニ71-Aタイプ	1950. 11.	土崎	(門)	都城	スエ 71 25	1963. 1. 23
オハユニ71 14	絞り折妻・キャンバス	TR23系	オハユニ71-Cタイプ	1950. 11.	土崎	(門)	鹿児島	スエ 71 26	1962. 12. 21
オハユニ71 15	絞り折妻・キャンバス	TR23系	オハユニ71-Dタイプ	1950. 9.	長野	(秋)	東能代	スエ 71 10	1962. 3. 31
オハユニ71 16	絞り折妻・キャンバス・ノーヘッダー	TR23系	オハユニ71-Eタイプ	1950. 10.	土崎	(秋)	横手	オル 71 104	1961. 3. 31
オハユニ71 17	絞り折妻・キャンバス	TR11系	オハユニ71-Fタイプ	1950. 11.	土崎	(仙)	下関	スエ 71 24	1962. 12. 17
オハユニ71 18	絞り折妻・キャンバス	TR23系	オハユニ71-Dタイプ	1950. 10.	長野	(青)	熊本		1964. 7. 1
オハユニ71 19	絞り折妻・キャンバス・ノーヘッダー	TR23系	オハユニ71-Eタイプ	1950. 11.	土崎	(旭)	宇都宮		1963. 2. 6
オハユニ71 20	絞り折妻・キャンバス	TR23系	オハユニ71-Dタイプ	1950. 10.	土崎	(釧)	水戸		1967. 2. 2

オハユニ71 12(オハユニ71-Aタイプ)改造のスエ71 32(複数写真を合成)。1-3位側側面を示す。 1989.9.5 北上操車場 P：藤田吾郎

オハユニ71 12(オハユニ71-Aタイプ)改造のスエ71 32。2-4位側側面を示す。
1970.8.15 一ノ関 P：掘井純一

オハユニ71 1(オハユニ71-Aタイプ)。2-4位側を示す。当車とオハユニ71 19は、非電化の長野原線(現・吾妻線)への電車乗り入れのための控車に改造されている。車内には蓄電池が搭載されたほか、片側の連結器は密着式自動連結器に交換された。
1961.6.21 渋川 P：星 晃

オハユニ71 9(オハユニ71-Bタイプ)。1-3位側を示す。
1962.6.7 米子客貨車区 P：豊永泰太郎

オハユニ71 9(オハユニ71-Bタイプ)改造のスエ71 41(複数写真を合成)。1-3位側側面を示す。中央の扉は救援車改造時またはその後に拡幅されている。
1989.3.18 西舞鶴 P：藤田吾郎

オハユニ71 10(オハユニ71-Cタイプ)。1-3位側を示す。 1951.8.19 高岡
P：伊藤 昭

オハユニ71 15(オハユニ71-Dタイプ)。1-3位側を示す。 1958.5.4 弘前
P：久保 敏

■オハユニ71形 形式図 スハ32形の車体が流用されたオハ71形(オハ71-Jタイプ)からの改造。ここではオハユニ71-Aタイプとして区分した。

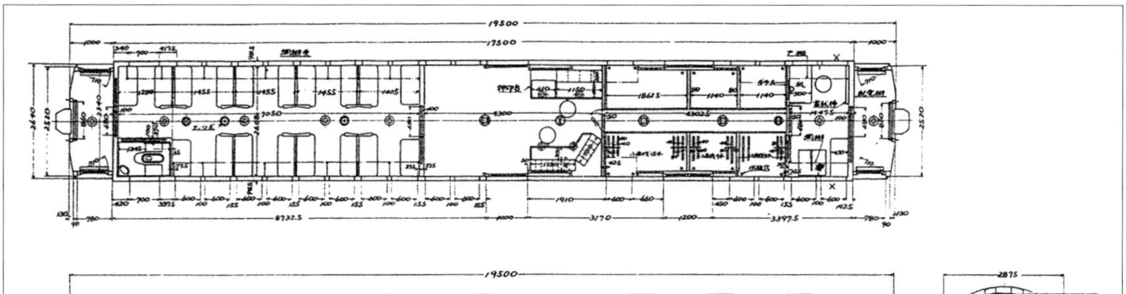

オハユニ71 18（オハユニ71-Dタイプ）。2-4位側を示す。
P：長谷川 明

オハユニ71 19（オハユニ71-Eタイプ）。1-3位側を示す。 1956.7.15　小山　P：久保　敏

オハユニ71 19（オハユニ71-Eタイプ）。1-3位側を示す。 1959.7.11　宇都宮　P：久保　敏

オハユニ71 17(オハユニ71-Fタイプ)。1-3位側を示す。
会津若松　P：鈴木靖人

オハユニ71 17(オハユニ71-Fタイプ)改造のスエ71 24。2-4位側を示す。
1964.3.26　下関
P：富樫俊介

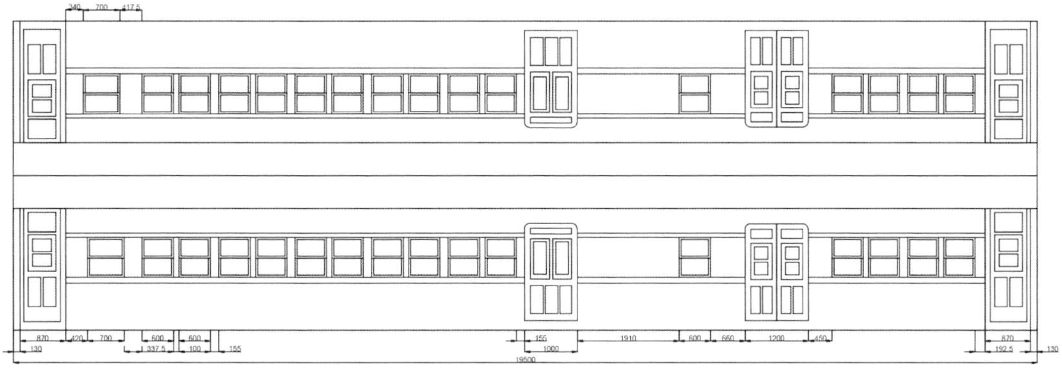

▲**オハユニ71-Aタイプ：**スハ32形の車体が流用されている(オハ71-Jタイプ)。

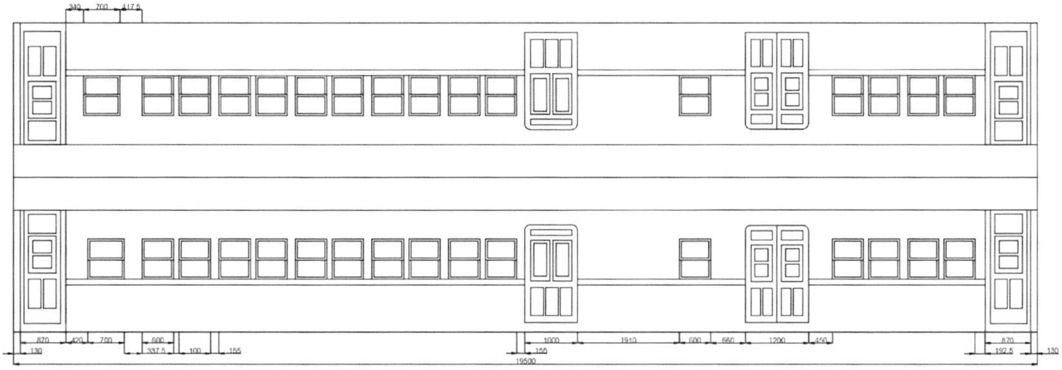

▲**オハユニ71-Bタイプ：**スハ32形ノーヘッダー車の車体が流用されている(オハ71-Lタイプ)。

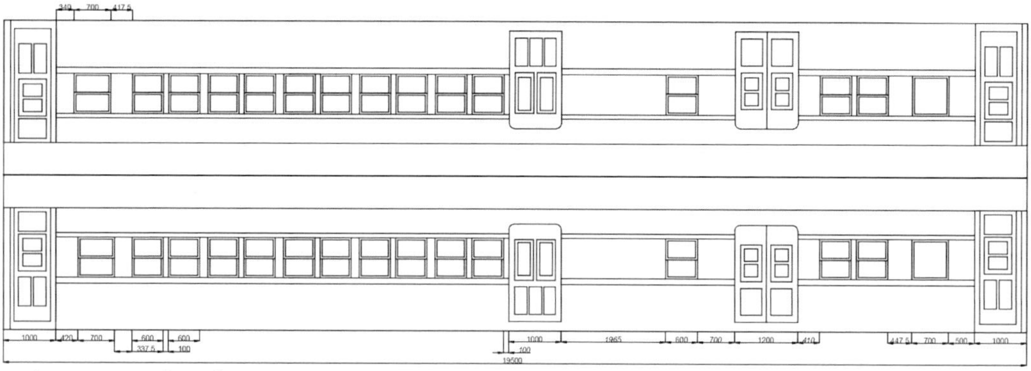

▲**オハユニ71-Cタイプ：**スハフ32形の車体が流用されている（オハ71-Mタイプ）。

▲**オハユニ71-Dタイプ：**オハフ33形の車体が流用されている（オハ71-Oタイプ）。

▲**オハユニ71-Eタイプ：**オハ35形の車体が流用されている（オハ71-Mタイプ）。

▲**オハユニ71-Fタイプ：**スハニ31形の車体が流用されている（オハ71-Pタイプ）。

スユ71 1(スユ71-Aタイプ)。2-4位側を示す。　1950.9.11　尾久　P：菅野浩和

4.2　スユ71→スユ72形

スユ71形は２軸ボギー20m級の郵便車である。1～15の15両が落成している。1951年に出入台が設置されて全車スユ72形になった。

細かくは1～7は出入り台の踏み段位置が郵便車本来の高さであるが、8～15は旅客車と同様に低くなっているという違いが見られる。ほかバリエーションは特に見られない。

なお、17m級の郵便車としてスユ70形が計画されていたが、未成に終わった。スユ71形とよく似た構造であった。

■スユ71形 形式図　ここではスユ71-Aタイプとして区分した。

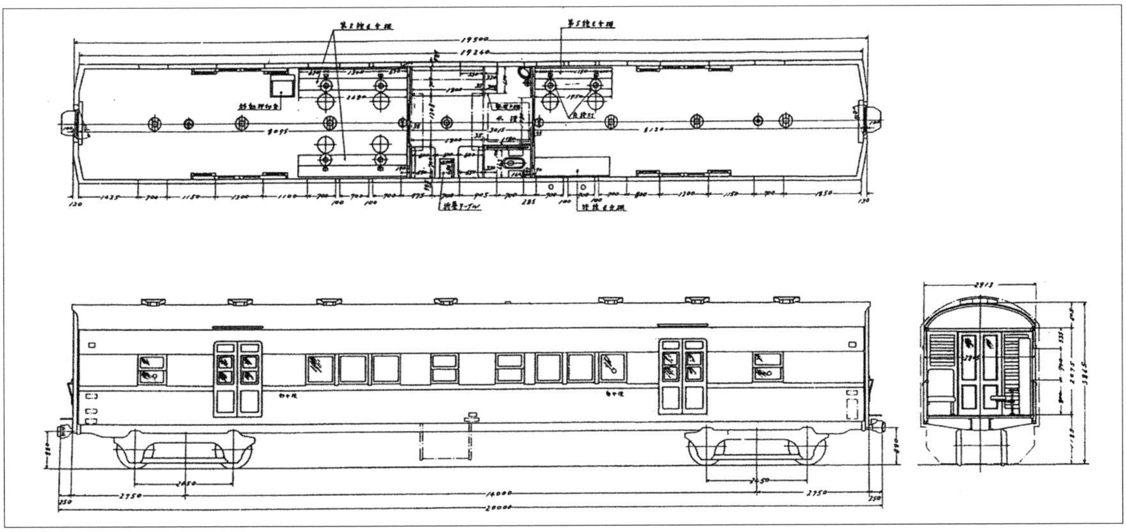

■スユ71→スユ72形 形態分類表

落成							その後の改造＊			その後の改造・廃車		
形式番号	妻面・屋根形状	台車	分類	落成年月日	場区	落成配置	形式番号	年月日	場区	最終配置	形式番号	年月日
スユ 71 1	直線折妻・キャンバス	TR23系	スユ71-Aタイプ	1947. 8. 8	新潟鉄工所	(新)	スユ 72 1	1951. 12.	長野	新潟	スエ 71 62	1964. 11. 30
スユ 71 2	直線折妻・キャンバス	TR23系	スユ71-Aタイプ	1947. 8. 8	新潟鉄工所	(新)	スユ 72 2	1952. 1.	長野	宮原	スエ 71 18	1962. 10. 31
スユ 71 3	直線折妻・キャンバス	TR23系	スユ71-Aタイプ	1947. 9. 25	新潟鉄工所	(仙)	スユ 72 3	1951. 3.	盛岡	宮原	スエ 71 21	1962. 8. 31
スユ 71 4	直線折妻・キャンバス	TR23系	スユ71-Aタイプ	1947. 9. 25	新潟鉄工所	(仙)	スユ 72 4	1951. 3.	大宮	門司		1966. 3. 31
スユ 71 5	直線折妻・キャンバス	TR23系	スユ71-Aタイプ	1947. 10. 24	新潟鉄工所	(仙)	スユ 72 5	1951. 3.	大宮	門司		1964. 10. 6
スユ 71 6	直線折妻・キャンバス	TR23系	スユ71-Aタイプ	1947. 10. 24	新潟鉄工所	(仙)	スユ 72 6	1951. 3.	大宮	名古屋	スエ 71 55	1964. 2. 29
スユ 71 7	直線折妻・キャンバス	TR23系	スユ71-Aタイプ	1947. 10. 31	新潟鉄工所	(大)	スユ 72 7	1951. 3.	大宮	名古屋	スエ 71 53	1964. 2. 29
スユ 71 8	直線折妻・キャンバス	TR23系	スユ71-Aタイプ	1948. 1. 29	日本車両製造東京支店	(門)	スユ 72 8	1951. 3.	小倉	門司		1965. 2. 13
スユ 71 9	直線折妻・キャンバス	TR23系	スユ71-Aタイプ	1948. 1. 29	日本車両製造東京支店	(門)	スユ 72 9	1951. 3.	小倉	遠軽	スエ 71 70	1965. 1. 30
スユ 71 10	直線折妻・キャンバス	TR23系	スユ71-Aタイプ	1948. 1. 29	日本車両製造東京支店	(門)	スユ 72 10	1951. 3.	小倉	名古屋	スエ 71 52	1961. 2. 29
スユ 71 11	直線折妻・キャンバス	TR23系	スユ71-Aタイプ	1948. 1. 29	日本車両製造東京支店	(門)	スユ 72 11	1951. 3.	小倉	名古屋	スエ 71 54	1961. 2. 29
スユ 71 12	直線折妻・キャンバス	TR23系	スユ71-Aタイプ	1948. 1. 29	日本車両製造東京支店	(門)	スユ 72 12	1951. 3.	小倉	(新)	スエ 71 63	1964. 11. 30
スユ 71 13	直線折妻・キャンバス	TR23系	スユ71-Aタイプ	1948. 1. 29	日本車両製造東京支店	(大)	スユ 72 13	1951. 3.	吹田	宮原	スエ 71 43	1963. 9. 21
スユ 71 14	直線折妻・キャンバス	TR23系	スユ71-Aタイプ	1948. 2. 17	日本車両製造東京支店	(大)	スユ 72 14	1951. 3.	吹田	宮原	スエ 71 48	1963. 10. 30
スユ 71 15	直線折妻・キャンバス	TR23系	スユ71-Aタイプ	1948. 2. 17	日本車両製造東京支店	(大)	スユ 72 15	1951. 3.	吹田	宮原	スエ 71 49	1963. 11. 27

＊スユ72形に改造の際にスユ72-Aタイプとなる。

スユ71 15(スユ71-Aタイプ)。1-3位側を示す。
1948.3.24　宮原検車区
P：浦原利穂

■スユ72形 形式図　ここではスユ72-Aタイプとして区分した。

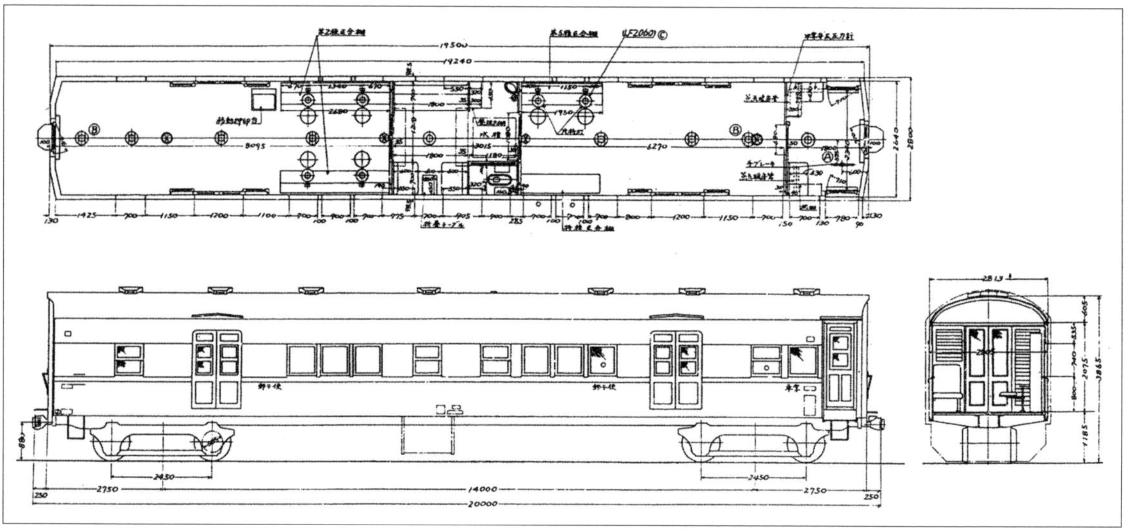

■参考・スユ70形 形式図(未成)　スユ71形を17m級とした構造である。中央に便洗面所があり窓配置も良く似ている。

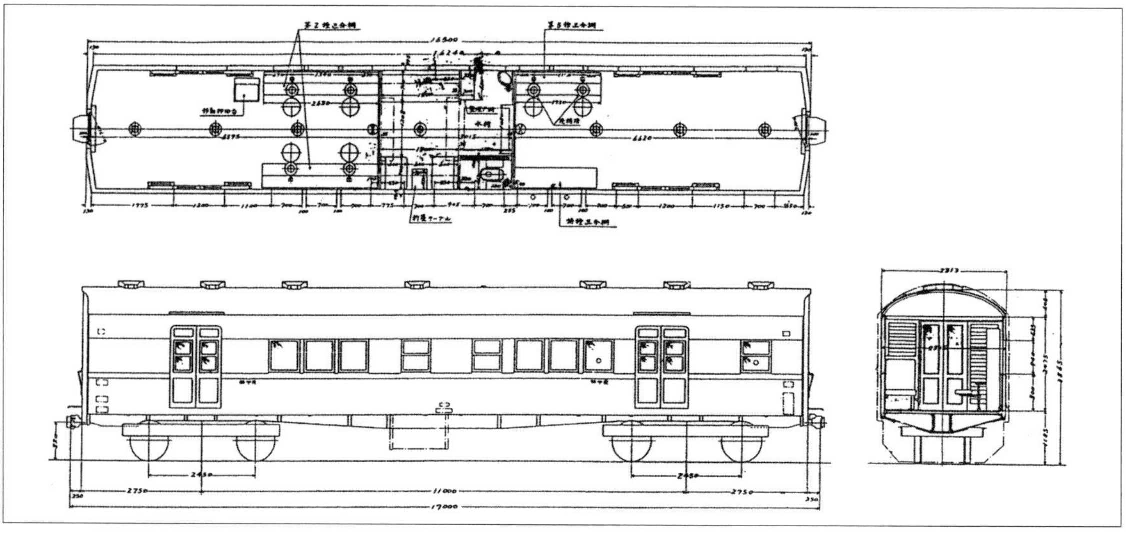

スユ72 1(スユ72-Aタイプ)。2-4位側を示す。 1955.5.8 新潟客貨車区 P：瀬古龍雄

スユ72 9(スユ72-Aタイプ)。2-4位側を示す。8～15は出入り台の踏み段位置が低くなっている。 1957.2.28 門司 P：久保 敏

元スユ72 11(スユ72-Aタイプ)であるスエ71 54(複数写真を合成)。1-3位側側面を示す。一部の窓の1段化や撤去が施されている。
1986.6.19 遠江二俣 P：野村一夫

スユ72 14（スユ72-Aタイプ）。1-3位側を示す。　1961.7.23　京都　P：沢柳健一

▲**スユ71-Aタイプ**：形式図どおりのスタイル。

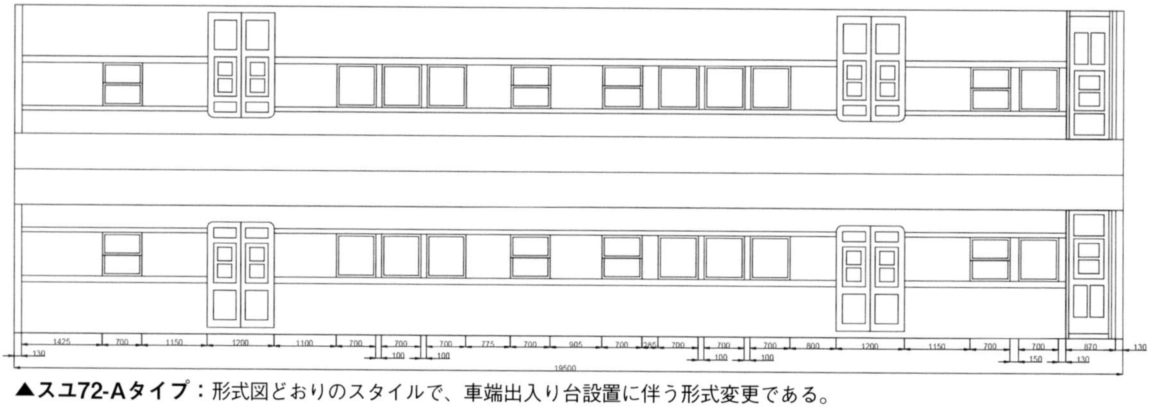

▲**スユ72-Aタイプ**：形式図どおりのスタイルで、車端出入り台設置に伴う形式変更である。

オユニ70 2(オユニ70-Aタイプ)。1-3位側を示す。落成直後の姿である。
1950.4.10　品川客車区
P：小山政明

4.3　オユニ70形

オユニ70形は最初から郵便荷物合造車として復旧された17m級車である。1～5の5両がある。形式図どおりで、バリエーションは特に見られないが、強いていえば手すりの有無が一部異なる。

■オユニ70形 形式図

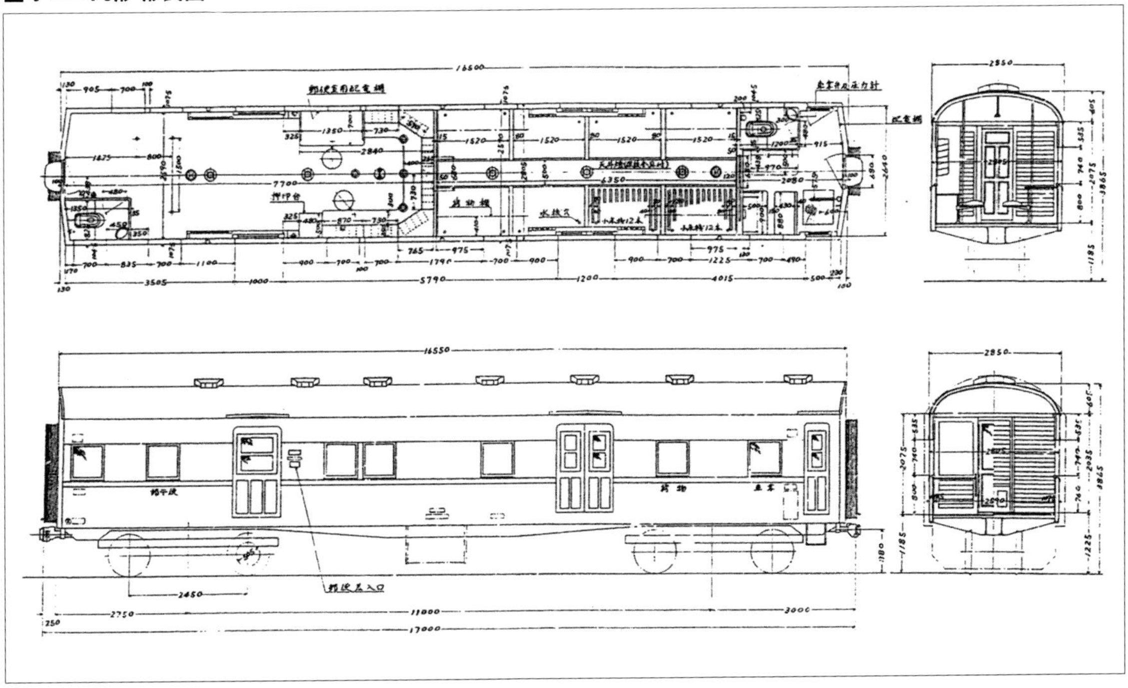

■オユニ70形 形態分類表

落成							その後の改造・廃車		
形式番号	妻面・屋根形状	台車	分類	落成年月日	場区	落成配置	最終配置	形式番号	年月日
オユニ 70 1	直線折妻・キャンバス	TR11系	オユニ70-Aタイプ	1950. 3.	富士産業半田工場	(大)	新見		1967. 7. 13
オユニ 70 2	直線折妻・キャンバス	TR11系	オユニ70-Aタイプ	1950. 3.	富士産業半田工場	(大)	新見		1967. 3. 30
オユニ 70 3	直線折妻・キャンバス	TR11系	オユニ70-Aタイプ	1950. 3.	富士産業半田工場	(名)	新見		1965. 12. 16
オユニ 70 4	直線折妻・キャンバス	TR11系	オユニ70-Aタイプ	1950. 3.	富士産業半田工場	(四)	新見		1965. 12. 16
オユニ 70 5	直線折妻・キャンバス	TR11系	オユニ70-Aタイプ	1950. 3.	富士産業半田工場	(大)	高知	オエ 70 62	1966. 2. 7

オユニ70 3(オユニ70-Aタイプ)。2-4位側を示す。郵便マークの位置がほかの写真とは異なる。
1960.1.13　三次　P：江本廣一

オユニ70 2(オユニ70-Aタイプ)。2-4位側を示す。
1966.2.27　広島　P：渡辺和義

オエ70 52(二代目車体)。2-4位側を示す。本来はスニ75 101改造であるが、途中でオユニ70 5改造のオエ70 62(1969年廃車)の二代目車体に振り替わっている。
1987.10.10　高松　P：吉岡真一

オユニ70 5(オユニ70-Aタイプ)。1-3位側を示す。
1957.3.7　門司港　P：久保　敏

▲オユニ70-Aタイプ：形式図どおりのスタイル。

オユニ71 1(オユニ71-Aタイプ)。1-3位側を示す。
1964.8.4 新見
P：渡辺和義

4.4 オユニ71形

オユニ71形は２軸ボギー20m級の郵便荷物合造車で、１～10の10両がある。オハ71形のうち、標準車体のオハ71-A・Bタイプが種車となっている。そのため、この違いがそのまま反映されて本形式も２タイプある。

■オユニ71形 形式図 標準車体車のうち、便所が3位のタイプが図面化されている。ここではオユニ71-Bタイプとして区分した。

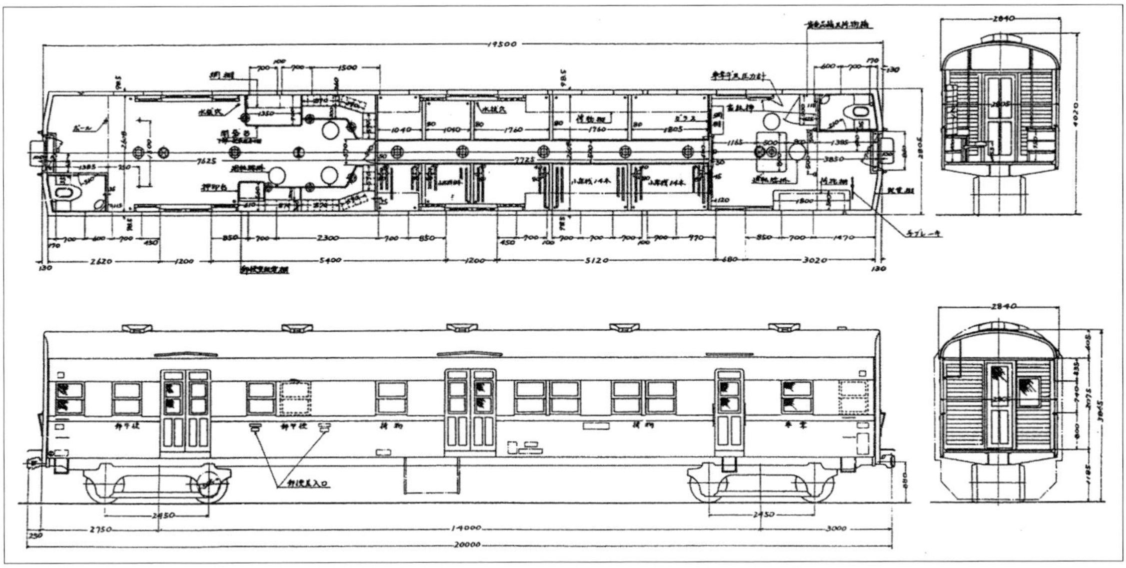

■オユニ71形 形態分類表

落成								その後の改造・廃車		
形式番号	妻面・屋根形状	台車	分類	落成年月日	場区	落成配置	最終配置	形式番号	年月日
オユニ 71 1	直線折妻・キャンバス	TR11系	オユニ71-Aタイプ	1951. 2.	長野	新潟	新見		1966. 7. 21
オユニ 71 2	直線折妻・キャンバス	TR23系	オユニ71-Aタイプ	1951. 2.	長野	新潟	新見		1967. 2. 16
オユニ 71 3	直線折妻・キャンバス	TR11系	オユニ71-Aタイプ	1951. 3.	長野	新潟	新見		1966. 12. 15
オユニ 71 4	直線折妻・キャンバス	TR11系	オユニ71-Aタイプ	1951. 3.	長野	福島	一ノ関	スエ 71 33	1963. 3. 30
オユニ 71 5	直線折妻・キャンバス	TR23系	オユニ71-Bタイプ	1951. 3.	土崎	福島	一ノ関	スエ 71 11	1962. 3. 31
オユニ 71 6	直線折妻・キャンバス	TR11系	オユニ71-Bタイプ	1951. 2.	土崎	宮原	門司港		1969. 2. 1
オユニ 71 7	直線折妻・キャンバス	TR11系	オユニ71-Aタイプ	1951. 3.	土崎	宮原	鳥栖		1967. 7. 25
オユニ 71 8	半流・キャンバス・妻面帯なし	TR23系	オユニ71-Bタイプ	1951. 3.	土崎	岡山	新見		1967. 2. 23
オユニ 71 9	半流・キャンバス・妻面帯なし	TR23系	オユニ71-Bタイプ	1951. 3.	土崎	(門)	新見		1965. 12. 16
オユニ 71 10	直線切妻・キャンバス	TR23系	オユニ71-Bタイプ	1951. 3.	土崎	(門)	新見		1965. 2. 13

オユニ71 2(オユニ71-Aタイプ)。2-4位側を示す。　1964.8.4　津山　P：渡辺和義

オユニ71 8(オユニ71-Bタイプ)。2-4位側を示す。8・9は半流台枠が残る。
1964.8.4　津山
P：渡辺和義

オユニ71 10(オユニ71-Bタイプ)。1-3位側を示す。当車のみ電車台枠流用のため切妻である。
1952.8.10　門司港
P：小山政明

オユニ71 10(オユニ71-Bタイプ)。2-4位側を示す。電車台枠流用のため切妻である。　1961.10.22　岡山　P：片山康毅

▲オユニ71-Aタイプ：便所４位側にあるオハ71形標準車からの改造(オハ71-Aタイプ)。

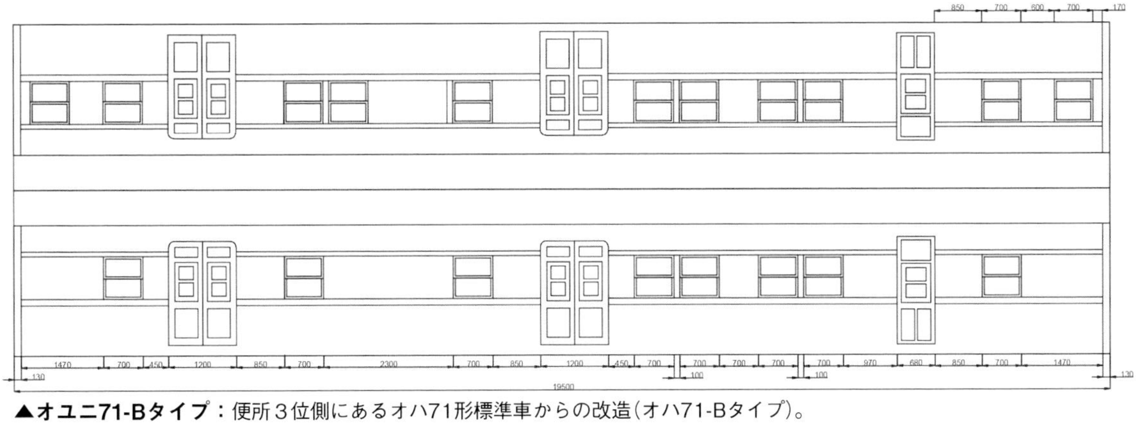

▲オユニ71-Bタイプ：便所３位側にあるオハ71形標準車からの改造(オハ71-Bタイプ)。

上巻の終わりに

この上巻では、70系戦災復旧客車のうち座席車からオユニ71形までを説明した。スユニ72形以降については中巻・下巻で説明する。

今回取り上げたオハ70形とオハ71形は残された写真が少なく、未解明の点が多いのが残念であるが、改造後の写真から、ある程度分類できたのが幸いである。

さて私の戦災復旧車との出会いは、1984年に長野で見たオエ70 9が最初である。大部分は国鉄末期に廃車となったが、1990年ごろまで残存していたことも幸いして、７年ほどの間に20両弱を見ることができた。途中から実測の必要性もわかり、数両を計測した。特に伊勢のスエ71 31はじっくり観察することができたのが記憶に残っている。ところが、どれが標準車でどれが変形車なのか、その定義も難しく、形態分類については興味があったものの情報不足もあり、整理を断念していた期間が長かった。

今回整理して、ようやく「何がわかっていて、何がわからないのか」が明確となった。種車の番号も重要であるが、これを気にする限り、形態分類の作業効率が落ちることがわかり、いっそのこと分離した方が簡潔であると気づいた。本文には元形式しか書いていないはそのためである。一応の整理はできているので、興味がある方は下巻巻末の表を参照いただきたい。

大垣駅脇の客車留置線の中央で、スニ73形番号不明（スニ73-Aタイプ）が整備を受けている。
1955年　P：奥野利夫